"十三五"普通高等教育本科系列教材

工程教育创新系列教材

电力系统继电保护综合设计与训练

主　编　韩　笑

副主编　陆芬娟

编　写　宋丽群　王丽君

主　审　高　亮

中国电力出版社

CHINA ELECTRIC POWER PRESS

内 容 提 要

本书为"十三五"普通高等教育本科系列教材（工程教育创新系列教材）。

本书的宗旨是提高读者对电力系统继电保护知识、技术及综合能力水平。全书共6章，内容主要包括故障分析、线路保护综合设计、元件保护综合设计、可编程数字式保护测控装置、可编程数字式保护测控装置的测试、数字式继电保护装置测试。

本书可作为高等学校电气工程及其自动化专业实践教学环节的指导书，也可供从事继电保护工作者参考。

图书在版编目（CIP）数据

电力系统继电保护综合设计与训练/韩笑主编 . —北京：中国电力出版社，2018.9（2023.1重印）
"十三五"普通高等教育本科规划教材 . 工程教育创新系列教材
ISBN 978 - 7 - 5198 - 2250 - 7

Ⅰ.①电… Ⅱ.①韩… Ⅲ.①电力系统－继电保护－高等学校－教材 Ⅳ.①TM77

中国版本图书馆 CIP 数据核字（2018）第 160098 号

出版发行：中国电力出版社
地　　址：北京市东城区北京站西街 19 号（邮政编码 100005）
网　　址：http：//www. cepp. sgcc. com. cn
责任编辑：牛梦洁
责任校对：黄　蓓　太兴华
装帧设计：赵姗姗
责任印制：吴　迪

印　　刷：固安县铭成印刷有限公司
版　　次：2018 年 9 月第一版
印　　次：2023 年 1 月北京第三次印刷
开　　本：787 毫米×1092 毫米　16 开本
印　　张：10.5
字　　数：250 千字
定　　价：30.00 元

序

近年来，计算机、通信、智能控制等前沿技术的日新月异给高等教育的发展注入了新活力，也带来了新挑战。而随着中国工程教育正式加入《华盛顿协议》，高等学校工程教育和人才培养模式开始了新一轮的变革。高校教材，作为教学改革成果和教学经验的结晶，也必须与时俱进、开拓创新，在内容质量和出版质量上有新的突破。

教育部高等学校电气类专业教学指导委员会按照教育部的要求，致力于制定专业规范或教学质量标准，组织师资培训、教学研讨和信息交流等工作，并且重视与出版社合作编著、审核和推荐高水平的电气类专业课程教材，特别是"电机学"、"电力电子技术"、"电气工程基础"、"继电保护"、"供用电技术"等一系列电气类专业核心课程教材和重要专业课程教材。

因此，2014年教育部高等学校电气类专业教学指导委员会与中国电力出版社合作，成立了电气类专业工程教育创新课程研究与教材建设委员会，并在多轮委员会讨论后，确定了"十三五"普通高等教育本科规划教材（工程教育创新系列）的组织、编写和出版工作。这套教材主要适用于以教学为主的工程型院校及应用技术型院校电气类专业的师生，按照工程教育认证和国家质量标准的要求编排内容，参照电网、化工、石油、煤矿、设备制造等一般企业对毕业生素质的实际需求选材，围绕"实、新、精、宽、全"的主旨来编写，力图引起学生学习、探索的兴趣，帮助其建立起完整的工程理论体系，引导其使用工程理念思考，培养其解决复杂工程问题的能力。

优秀的专业教材是培养高质量人才的基本保证之一。此次教材的尝试是大胆和富有创造力的，参与讨论、编写和审阅的专家和老师们均贡献出了自己的聪明才智和经验知识，引入了"互联网＋"时代的数字化出版新技术，也希望最终的呈现效果能令大家耳目一新，实现宜教易学。

胡敏强

教育部高等学校电气类专业教学指导委员会主任委员

2018年1月于南京师范大学

前　言

按《礼记·中庸》的说法，求知兴学的思想精髓是"知行合一"，这一点对于学习工程的人来说尤其重要。科学技术进步使人类的工程活动对生态、能源、环境等方面的影响日益深远，对工程活动效益评价也更加的多元化，这使越来越多的人认识到工程活动的系统性、综合性特点。当前，工程活动对工程技术人员的知识、技术及综合能力提出了更高的要求。其中，知识的学习与应用能力、思维判断与分析能力、工程设计与实践能力、表达交流能力、创造创新能力是高等工程院校学习者应具备的"五大能力"，是适应工程实际需要，形成未来综合工程能力的基础。简单地说，我们必须认识到在专业课程的教学过程中，五大能力培养才是真正的关键，而这些恰恰是教学过程中最容易被忽视的部分。

学习专业知识需要"博学之，审问之，慎思之，明辨之，笃行之"，学习继电保护确实需要经过这几个层次，或者说是个递进的阶段。"电力系统继电保护"的专业实习、课程设计、毕业设计等实践环节，是在理论学习的基础上，加以系统的工程实践训练，以求不断提升电力工程师的职业素养。但在实际的教学活动中，实践训练的内容与现实脱节，学生"五大能力"培养不足，实践活动流于形式等问题。因此，在教学中创建一种既能符合认知心理、容易被教师与学习者接受，又能在一般的教学环境条件下实现的教学模式，真正地提高"五大能力"培养水平。为达到这个目的，我们既需要一本堪当此任的教材，更需要一种教育方法及学习方法的提引。

本书的内容紧紧围绕以上两点加以展开。首先，结合电力系统中的典型故障案例进行故障现象与特征的说明，让读者身临其境，寻找问题、发现问题；其次，借助于思维导图等先进思维工具，围绕实际案例进行故障分析与仿真，寻求解决问题的方案；最后，结合现场应用的数字式继电保护装置，将故障分析结果应用于继电保护的方案配置及整定计算工作中，得出具有实用性与可操作性的具体技术方案，从而最终解决问题。同时，本书配套数字资源，如具体的保护装置技术资料、故障分析实例、继电保护整定计算实例、PSCAD仿真实例、MATLAB仿真实例等供读者使用。

全书共6章，绪论主要介绍电力系统继电保护案例教学方法，项目教学方法及思维导图的使用方法。第1章为故障分析，围绕电力系统的实际故障案例进行分析与仿真，通过案例分析，引导学生通过故障实例进行电力系统故障分析训练。第2章为线路保护综合设计，围绕电网常用保护，结合实际案例分析，介绍实际的整定计算过程。第3章为元件保护综合设计，围绕常用元件保护，结合实际案例分析，介绍实际的整定计算过程。第4章为可编程数字式保护测控装置，主要介绍该实训装置的技术细节及使用方法。第5章为可编程数字式保护测控装置的测试，主要介绍基于该实训装置的具体测试方法。第6章为数字式继电保护装置测试，主要介绍常见的几种数字式保护的主要测试方法。

本书由南京工程学院韩笑编写绪论，第1章，第2章第1节，第3章第1、3节，第6章；上海电力学院陆芬娟编写第4、5章；沈阳工程学院王丽君编写第2章第2~4节，第3章第2、4、5节。本书由上海电力大学高亮教授主审。

参与本书编写工作的还有南京工程学院宋丽群、安徽宿州供电公司朱凯、江苏徐州供电公司洪晨、浙江金华供电公司邵美才、江苏连云港供电公司陈辉、冀北秦皇岛供电公司张易舰，以及韩天博、陈中颖、俞晨浩、罗维真、王春蘅、王聿立、胡成等。

在本书编写过程中，参阅了国电南瑞、国电南自及国内外许多公司的有关技术资料，并得到广大继保同仁的大力支持。在此表示感谢！

限于水平与精力，本书定会存在诸多疏漏，敬请各位读者不吝赐教。

编者

2018.6

目　　录

仿真、实例可通过扫描书中相应二维码，按提示输入电子邮箱，下载至电脑使用。

绪　　论

"博学之，审问之，慎思之，明辨之，笃行之。"

——《礼记·中庸》

0.1　案例及其教学方法的建议

"电力系统继电保护"课程是电气工程及其自动化专业的核心课程之一，已于2012年被列入国家电网公司招聘专业考试科目。限于多种因素，多数学生在毕业时发现，他们对于这门课程的认知仍停留在一些浅显的理论上，所掌握的继电保护知识并不足以应对工程需求。"电力系统继电保护"课程主要内容是介绍

写给老师的话 1

电力系统继电保护的基本原理与实现、电网继电保护配置与整定及继电保护基本试验方法，变压器、发电机、母线等元件保护基本原理与配置、整定方法等。实质上，该课程所涉及的知识点主要包括：①所保护对象的电气主接线图；②所保护对象的等值阻抗及阻抗图；③电力系统的基本参数，如频率、电压等；④截至目前，被保护对象已有保护及所存在的问题；⑤被保护对象的运行机理及影响保护正确动作的因素；⑥所被保护对象的重要性及地位；⑦电力系统故障分析知识；⑧与最大负荷及电力系统振荡相关的电气量极值；⑨电流互感器、电压互感器的安装位置、接线及变比；⑩对保护未来扩建的期望及预期。不难看出，没有对电力系统稳定性要求的理解，没有对电力系统故障的科学分析，没有对继电保护系统的分析与设计，没有对相关保护装置及控制回路的工程实践，对继电保护的基本原理的应用便只是空谈。

知识是学来的，也是问来的。如果你觉得对于继电保护课程已基本掌握，没有什么可问的问题，那么只能说你目前还问不出什么问题。要做到对于继电保护的"触类旁通"，本教材的对于"类"的定义为"有解的案例＋问题＋小结"。通过成组的案例的教学，学习从问题情境中发现关键线索，学习理论分析及工程实施所涉及的推理及行为方法，即从学会"怎么想、怎么做"，到学会"为什么这么想、为什么这样做"，到"此类事大致应这样想、大致应这样做"，最后到"我能不能这样想、能不能这样做（做得更好）"。并要求学生能够用言语表达出来。当然，这一教学模式对教师提出了更高的要求。

在继电保护装置的测试训练过程中，学生在不断摸索，同时在不断地犯错，在有限的教学时间内，无法取得良好的训练效果。究其原因，学生作为新手，通常从问题的目标出发，采用不一定确保问题得到解决的"手段—目的"分析法逆向解决问题；而指导教师做为师父，则能从问题的已知条件出发，高效率地顺向解决问题。专家的问题解决技能并不在于其一般能力，而是在于专家长期积累的大量问题图式（Problem Schema），也就是我们常说的"一招一式"，这些招式所积累成的"套路""招数"是非常宝贵。而我们在测试训练过程中，要求学生不仅获得了解决问题的技能，还形成解决问题的记忆。解决问题的记忆是一种程序

性知识，包括对前一个问题解决经验的各种特征，如案例的陈述、解决的步骤、所用的方法和犯过的错误等，这些"本领"在今后的工作中非常重要。在本书中，将会根据测试流程的重点环节，提供相应的问题图式，要求学生对于特定的问题加以训练，并将配以大量的增加案例及变式来积累解决问题的经验，以期成功地解决后续的问题。教师在教学过程中，切忌机械地采用的"讲（直接呈现图式）—练（配合验证性样例）"结合的教学方式，即教师不能全程包办，代替学生概括和归纳案例，直接呈现该问题图式。而应将正确、合理的解决问题的过程的信息加入案例教学中，并在案例之后引导学生对新的案例进行自我解释，并及时地把不懂的问题有效地提出来，反馈给教师。而一旦学生能用言语或文字表达出对于新案例的初步理解、初步方案及存在问题，并在合理的指导下反复训练，那么他对于案例所涉及的继电保护技能的掌握将实现质的飞跃。

0.2　项目教学内容设计的说明

写给老师的话 2

　　　　　　　　　CDIO 工程教育模式代表构思（Conceive）、设计（Design）、实现（Implement）和运作（Operate），是近年来国际工程教育改革的最新成果，而项目教学内容设计是课程教材内容改革的关键环节。项目教学分为三个级别，其中最基础的一级项目为三级项目，本书即针对该级别设计相应的项目，突出综合性、设计性，突出能力培养。在此基础上，可开展以专业领域为背景的，具有综合性、创新性及工程性能指标达成特征的小型综合性设计项目，即二级项目。在此基础上，可围绕新型继电保护与自动化技术、新型电力电子技术等进行培养高级工程应用能力及创新能力的一级项目设计。

　　通过三级项目教学，力求学生能够将数学、自然科学、工程基础及专业知识用于解决复杂的电力工程实际问题，能够应用数学、自然科学、工程科学的基本原理、识别、表达，并通过文献分析研究复杂电力工程问题，并得到有效的结论。能够基于科学原理及科学方法对复杂工程问题进行研究，通过设计实验，分析与解释数据，并通过信息综合得到相应的结论。能够针对复杂问题，开发、选择、使用恰当的技术、资源、现代工程工具和信息技术工具，包括对复杂工程问题的模拟仿真，并理解其局限性。

　　在众多电力生产运行及电气设备制造企业中，"电力系统继电保护"课程涉及多个工作岗位。仅对于电网公司而言，课程的知识目标是掌握继电保护常用基础元件的作用、工作原理及测试方法，掌握各种继电保护装置的作用、工作原理及调试方法，了解继电保护装置运行操作的相关规程、规范；素质目标是将职业道德教育、素质教育融入教学过程中，培养学生良好的职业行为、职业意识及规范操作、安全操作习惯，严谨细致的工作作风及团结协作精神；能力目标是能识别二次回路图，能装接电路、能用电工工具检查、分析电路、排除电气故障，会查阅图书资料、保护规程、产品手册等，会编写技术文件，能使用保护测试仪进行继电保护装置的现场测试和分析，能进行电站、变电站的继电保护装置的配置及整定等。不难看出，这些知识目标及上述三级项目教学任务基本吻合。

　　基于上述考虑，本书的整体内容围绕某中等城市配电网系统继电保护整体设计这个二级项目展开，该综合项目下设子项目为：①中等城市配电网故障电气量分析；②35kV 及以下线路保护系统设计；③110kV 线路保护系统设计；④35kV 及以下线路保护测控一体化装置的测试；⑤35kV 及以下变压器保护测控一体化装置的测试；⑥500kV 及下线路保护装置的配置与调试（110kV 为主）；⑦500kV 及下变压器保护装置的配置与调试（110kV 为主）。

0.3　思维导图与发散性思维概述

国学大师陈寅恪曾言："独立之思想，自由之人格"，这句话也是大师心目中的大学精神。著名哲学家尼采认为："每个人都有一个独特的自我。"这个独特的自我要"创造出一轮自己的太阳"。他一再要求人们"成为你自己"，"成为独一无二的人，无可比拟的人，自我创造的人！"无论是教师还是学生，都应知道

写给老师的话 3

学生已知什么及还需要学习什么，只有这样，才能真正挖掘学生的潜力，提升思维能力。

思维导图（Mind Map）是英国著名学者东尼·博赞（Tony Buzan）在 20 世纪 60 年代创造的一种新型笔记方法，思维导图以放射性思考为基础，是一种简单、高效的思维工具，被誉为"21 世纪全球思维工具"。思维导图不是学术上的定义，根据思维导图发明人东尼·博赞在他的书中提出：思维导图是一种放射性思维，是人类大脑的自然功能，只要会用就有效。思维导图是大脑的语言，大脑的语言是图像和联想、自然的思维方式。例如，当你听到"苹果"这个词，你的脑海里首先反映出的一定是一个苹果的图像。图像和联想才是大脑自己的语言。而思维导图就是帮助大家用图像和联想进行思维的工具。思维导图是以图解的形式和网状的结构，用于存储、组织、优化和输出信息的思维工具。它被称为大脑的"瑞士军刀"。

运行思维导图的主要好处是：

（1）快速而方便地产生灵感。

（2）做出更好的决定。

（3）在课堂上或会议中做出更给力的笔记。

（4）在阅读文献过程中，做出更简明的摘抄。

（5）提升记忆能力及学习效果。

（6）产生更好的想法与结论。

（7）管理好日常任务。

思维导图的创作过程模仿的是大脑连接和加工信息的方式。你可以用关键词和关键图像在纸张和屏幕上创作思维导图；这些关键词和关键图像都可以抓拍具体的记忆和激发新的想法。思维导图中的这些记忆触发器都是开启事实、思想和信息的关键，也是释放大脑真正潜力的关键。

思维导图之所以有效，是因为它动态的形状和形式，它模仿了显微镜下的脑细胞，目的是促使大脑快速、高效、自然地工作。大脑不是以线性和单一的方式思考的，而是以关键词和关键图像为中心触发点，朝着多个方面同时思考的，这就是我们所说的发散性思维。

发散思维（Divergent Thinking），又称辐射思维、放射思维、扩散思维或求异思维，是指大脑在思维时呈现的一种扩散状态的思维模式，它表现为思维视野广阔，思维呈现出多维

发散状。如"一题多解""一事多写""一物多用"等方式，培养发散思维能力。不少心理学家认为，发散思维是创造性思维的最主要的特点，是测定创造力的主要标志之一。

我们每次看到的叶脉或树枝，其实就是大自然的"思维导图"，反映的是脑细胞的形状，以及我们自身被创造和连接的方式。像我们一样，自然界是在不断地变化与更新的，也有一个类似于我们的沟通结构。思维导图是一个自然的思维工具，它利用的是这些自然结构中的灵感与效率。思维导图的放射性结构反映了大脑的自然结构，它对以笔记形式出现的知识体系进行快速构建与扩展，从而得到一张所有的相关的、有内在联系的清晰和准确的知识架构图，可以快速有效地进行知识的管理。用一句简单的话来说，就是它可以帮助我们学习、思考及解决问题，使我们的思考过程可视化，最大限度地使我们的大脑潜能得到开发。

思维导图是一种帮助我们系统思考的工具。利用思维导图进行问题的分析和思考，可以帮助我们综合、平衡的分析各方面的因素。通过思维导图的应用，我们的分析会更有深度，使我们的决策更加理性；思维导图是加速学习的工具，可以提高我们的学习效率；思维导图也是一种知识管理的工具，可以帮助我们充分的发挥自身的资源和优势，更好地进行知识的管理和资源的整合。

思维导图是可以帮助我们把头脑中的隐性知识经过提炼和总结，最后把它显性化的展示出来，它可把技术层面的东西提升到理论的层次，可以更方便、更快捷地加速我们知识素养的提高和改进，便于我们更进一步学习和交流。

根据《思维导图》所述，思维导图的创作方法是：

第一步，聚焦于核心的问题、精确的主题。明确你的目标和你想解决的问题。

第二步，将第一张纸（建议至少 A4 大小）横放在你的面前（风景画风格），目的是在纸的中央绘制思维导图，这样可以让你自由地表达，不受纸狭隘空间的限制（如纵向的肖像画风格）。

第三步，在空白纸的中央画一个图像代表你的目标，不要担心自己画不好，没有关系，用图像作为思维导图的起点很重要，因为图像可以激发你的想象力，启动你的思维。

第四步，从一开始就使用颜色，目的是强调、构造、结构与创造力，刺激视觉流动和强化图像在头脑中的印象。至少要使用三种颜色，而且要创造出自己的颜色编码系统。颜色可以分主题使用，也可能分层次使用，也可以强调某些要点。

第五步，现在画一些从图像中央向外发散的粗线条，这些线条是思维导图的主分支，就像粗大的树枝一样，它们将支撑你的基本分类概念。一定要把这些主要的分支与中央图像牢牢地连接在一起，因为你的大脑及记忆是靠联想来工作的。

第六步，使用弯曲的线条，因为它们看上去比直线更有趣味，也更容易被大脑记住。

第七步，在每一个分支上写一个与主题相关的关键词。这些是你的主要思想和你的基本分类概念，与主题相关，例如情形、情感、事实、选择等。记住，每条线上只写一个关键词，这样可以使你明确要探讨问题的本质。而且可以使联想更加突出地存入你的大脑。词组和句子会限制你的思维，使记忆混乱。

第八步，在思维导图上添加一些空的分支。这会刺激和诱发你的大脑在上面放一些东西。

第九步，为你相关的次要想法绘制二极和三极分支。二级分支与主分支相连接，三级分支与二级分支相连接，以此类推。在这一过程中，联想非常重要。每个分支选择的词语可能包括如下问题的主题：谁、什么、哪里、为什么、题目或情形如何。

　　德国著名的哲学家黑格尔说过："创造性思维需要有丰富的想象。"一位妈妈从市场上买回一条活鱼，女儿走过来看妈妈杀鱼，妈妈看似无意地问女儿："你想怎么吃？""煎着吃！"女儿不假思索地回答。妈妈又问："还能怎么吃？""油炸！""除了这两种，还可以怎么吃？"女儿想了想："烧鱼汤。"妈妈穷追不舍："你还能想出几种吃法吗？"女儿眼睛盯着天花板，仔细想了想，终于又想出了几种："还可以蒸、醋熘，或者吃生鱼片。"妈妈还要女儿继续想，这回，女儿思考了半天才答道："还可以腌咸鱼、晒鱼干吃。"妈妈首先夸奖女儿聪明，然后又提醒女儿："一条鱼还可以有两种吃法，比如，鱼头烧汤、鱼身煎，或者一鱼三吃、四吃，是不是？你喜欢怎么吃，咱们就怎么做。"女儿点点头："妈，我想用鱼头烧豆腐，鱼身子煎着吃。"妈妈和女儿的这一番对话，实际上就是在对孩子进行发散性思维训练。

　　在寻求"唯一正确答案"的影响下，学生往往受教育越多，思维越单一，想象力也越有限。

　　单向思维大多是低水平的发散，多向思维才是高质量的思维。只有在思维时尽可能多地给自己提一些"假如…""假定…""否则…"之类的问题，才能强迫自己换另一个角度去思考，想自己或别人未想过的问题。希望大家在本书的学习过程中，提出与本书内容、与教师不同的见解，鼓励学生敢于沿着新方向、新途径去思考新问题，弃旧图新、超越已知，寻求首创性的思维。教师在教学中要多表扬、少批评，让学生建立自信，承认自我，同时鼓励学生求新。

　　有一道智力测验题：用什么方法能使冰最快地变成水？一般人往往回答要用加热、太阳晒的方法，答案却是"去掉两点水"。这就超出人们的想象了。而思维定势能使学生在处理熟悉的问题时驾轻就熟，得心应手，并使问题圆满解决。所以用来应付现在的考试相当有效。但在需要开拓创新时，思维定势就会变成"思维枷锁"，阻碍新思维、新方法的构建，也阻碍新知识的吸收。因此，思维定势与创新教育是互相矛盾的。"创"与"造"两方面是有机结合起来的，"创"就是打破常规，"造"就是在此基础上生产出有价值、有意义的东西来。因此，首先要鼓励学生的"创"，如果把"创"扼杀在摇篮里，何谈还有"造"呢？

　　明代哲学家陈献章说过："前辈谓学贵有疑，小疑则小进，大疑则大进。"质疑能力的培养对启发学生的思维发展和创新意识具有重要作用。质疑常常是培养创新思维的突破口。孟子说："尽信书不如无书"。书本上的东西，不一定都是全对形。真理有其绝对性，又有其相对性。引导学生发表独特见解，这是提升学生创新能力的重要一环。

　　反省思维是一种冷静的自我反省，是对自己原有的思考和结论采取批判的态度，并不断给予完善的过程。这实际上是一种良好的自我教育，是学生学会创新思维的重要途径。

　　反向思维也称为逆向思维。它是朝着与认识事物相反的方向去思考问题，从而提出不同凡响的超常见解的思维方式。反向思维不受旧观念束缚，积极突破常规，标新立异，表现出积极探索的创造性。其次，反向思维不满足于"人云亦云"，不迷恋于传统看法，但是反向思维并不违背生活实际。

　　20 世纪 50 年代，世界各国都在研究制造晶体管的原料——锗。其中的关键技术是将锗提炼得非常纯。诺贝尔奖获得者、日本的著名的半导体专家江崎和助手在长期试验中，无论怎样仔细操作，总免不了混入一些杂质，严重影响了晶体管参数的一致性。有一次，他突然想，假如采用相反的操作过程，有意地添加少量杂质，结果会是怎样呢？经过试验，当锗的纯度降低到原先一半时，一种性能优良的半导体材料终于诞生了。这是反向思维的又一成功事例。

美国朗讯公司的贝尔实验室，是一个令人肃然起敬的名字，那里培养了 11 位诺贝尔奖获得者，产生了改变世界的十大发明。很多理工科毕业生把进入贝尔实验室工作视为是一种无上的光荣。贝尔实验室作为世界一流的研发机构，它有什么特点呢？在贝尔实验室创办人塑像下镌刻着下面一段话："有时，需要离开常走的大道，潜入森林，你就肯定会发现前所未有的东西"。

让我们也常常潜入"森林"，另辟蹊径，去发现、去领略那前人从未见过的奇丽风光吧。这时，你就可以欢呼："啊，这片天地是我首先发现的，大家都来看吧！"而心态对我们的思维、言行都有导向和支配作用。人与人之间细微的心态差异，就会产生成功和失败的巨大差异！生活就是一种态度，你能驾驭自己的心态，其实就开始了你的精彩人生。

1 故 障 分 析

"君子安而不忘危，存而不忘亡，治而不忘乱，是以身安而国家可保也。"

——《周易·系辞下传》

1.1 10kV配电系统故障及异常案例

配电网是由架空线路、电缆、杆塔、配电变压器、隔离开关、无功补偿器及一些附属设施等组成的，是在电网中起重要分配电能作用的网络。如果仅从电能分配的角度而言，居民用电就归属于低压配电网（220/380V），但有关其故障与保护的内容，本书将不讨论，而只讨论6、10、35、110kV配电网故障与保护。图1-1所示某110kV变电站的一次接线示意图。

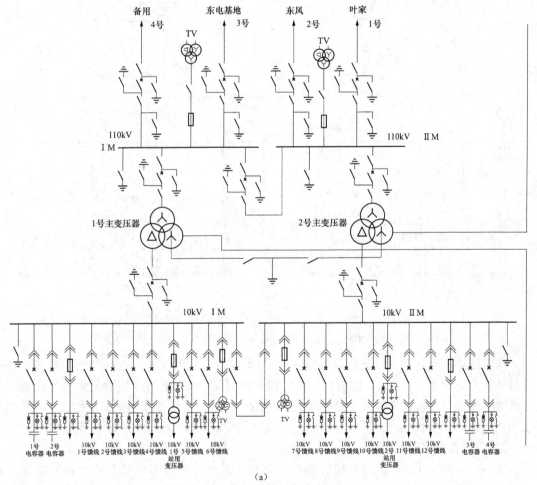

图1-1 某110kV变电站的一次接线示意图（部分）（一）

（a）一次接线简图（部分）

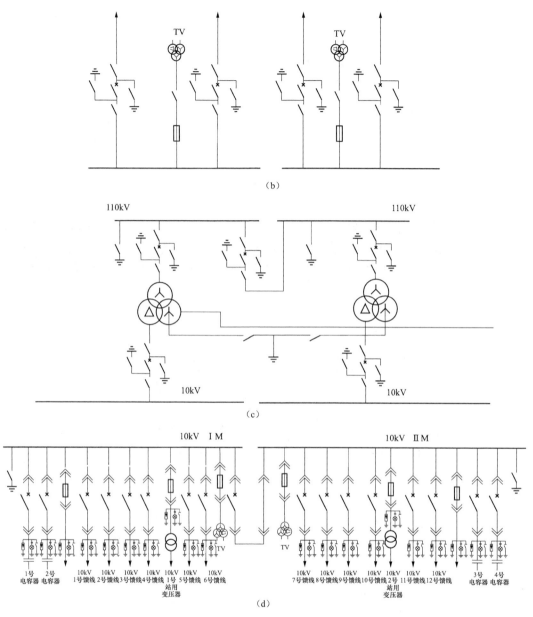

图 1-1　某 110kV 变电站的一次接线示意图（部分）（二）

(b) 110kV 部分（细节）；(c) 主变压器部分（细节）；(d) 10kV 部分（细节）

观察图形不难发现，该变电站有两段 10kV 母线，中间经过一母线联络断路器连接。每段母线上有 9 回 10kV 出线。同时，还可以观察到 10kV 母线上所连接的其他一次设备，如母线电压互感器（母线压变）、站用变压器、电容器等。10kV 母线经主变压器 10kV 开关与主变压器低压引出线相连。看到这个图，又如何与 10kV 配电系统故障联系起来呢？

1.1.1　围墙之外故障多

本例中，每条 10kV 出线都包含有几千米到十几千米的配电线路、几十台配电变压器（10/0.4kV 及其他辅助一次设备），向居民及企事业单位供应电力。配电线路有架空线、电缆或两者复合的多种构成可能性。对于 10kV 架空线，避雷器、跌落保险、柱上开关辅助等一次设备，如果产品不合格或维护不当，如绝缘子破裂或脏污而引起的绝缘电阻严重地降低，就有可能引起线路故障。

外界因素作用于 10kV 线路也将引起故障。如：①线路集中架设在城区道路两侧，时有车辆撞击使电线杆倒下的事故。②城市建设、市政等盲目施工，随意在地下电缆铺设处开设工程，可能使地下电缆受到破坏；高空中掉落的物品也有可能击中架空线或破坏杆塔。③市区面积不断开发，临时搭建的违章建筑靠线路很近，常出现绝缘距离不足，引发的故障。④漂浮塑料垃圾或风筝之类的悬挂于线路，或断落的树枝压迫电线，导致线路故障。⑤横担上会发生鸟筑巢现象，经常有铁丝等金属，使线路发生相间短路。⑥犯罪分子因贪图利益，盗窃配电变压器及杆塔材料，造成线路故障。

某些 10kV 架空线路的路径长，且沿途多为空旷地带，在雷雨季节有可能发生雷击事故。在雷雨天气，架空线还可能对树木放电，而引起线路故障。另外，如不按要求操作配电变压器，或因配电变压器自身的故障也会造成线路故障。这些故障可能是接地、相间短路、断线等，有可能是瞬时性的故障，也有可能是永久性的故障。

1　异地不同性质相间短路案例

某年某月某日，一供电区内有一条 10kV 馈线发生电流速断跳闸，重合不成功。后有附近住民反映大风吹动了 10kV 馈线出口处导线，引起了导线出现摆动，并冒火球，经巡线人员多次查看，短路痕迹并不清楚，而且线路因风吹导线摆动造成短路的可能性不大（初步分析，估计是雷击造成的馈线近处相间短路）。通过继续巡线，其余线路未发现问题，要求试送，试送不成功，过电流后加速保护动作。通过运行操作，拉开 10kV 两条分支线路的柱上开关，试送成功。经对分支线路继续故障查找，发现在分支线路某一配电变压器出现相间短路，解除该配电变压器后，线路试送成功，恢复送电。

事故分析　该线路的速断电流保护定值一次值为 1600A，过电流保护定值一次值为 200A，延时为 0.5s，后加速延时为 0.2s。经分析，第一次故障为主干线接地引发的相间短路，故障为瞬时性，电流超过速断电流保护定值，由于重合时间设置不当，重合不成功，但近处线路并未损坏，在此过程中，由于电气量值的异常变化，造成支线所接配电变压器损坏，为永久性故障，形成第二次故障点。由于离电源点较远，短路电流达不到速断电流保护定值，而在手动合闸时，以过电流加速跳开断路器。

2　相间短路保护拒动案例

某年某月某日 1 时 45 分，雷雨天气使某 110kV 变电站出现全站失压。值班人员检查发现主变压器 110kV 侧复压过电流保护动作跳三侧，其他无异常，经查为某馈线发生相间短路故障，该馈线保护拒动。2h 后，变压器及各馈线重新投运正常。

上级变电站出线故障录波显示所示，A、B 两相有相位相同、大小相等，C 相电流与 A 相电流相位相反，幅值为其两倍。主变压器接线组别为 Yn，d11，由相量分析可知，110kV 故障电流来自 10kV 侧。

事故分析　在 110kV 感受到的故障电流的持续时间为 2.59s，有效值为 3.0A，换算至 TA 一次侧为 $3.0 \times 600/5 = 360$（A）。故障电流持续 2.59s，说明故障电流的确由变压器高压侧保护动作切除（复压过电流时间定值时间 2.5s，加断路器跳闸熄弧时间后为 2.59s），而绝非高压侧保护继电器不能返回之故。2.59s 后仍存在一较小电流，其值为 $1.0 \times 600/5 = 120$（A），为负荷电流。

故障电流 360A 减去负荷电流 120A 后等于 240A，即为真实故障电流。

对中压侧断路器进行了大电流试验，并对中压侧相关断路器的电流互感器进行了伏安特性试验。通过对馈线断路器一次加故障电流，发现过电流保护拒动，此时变比误差在 16％～34.8％之间。通过伏安特性试验可见，断路器保护用电流互感器的励磁电压曲线存在重大误差，饱和特性不符合要求。

从故障分析的角度，上述事故属于 TA 饱和特性问题而引起保护拒动，导致上一级保护动作，扩大了停电范围。

3　接地引发相间短路案例

某年某月某日，一供电区内有一条 10kV 馈线发生电流速断跳闸事故。通过对事故线路巡查发现，有一台配电变压器的 B 相跌落式熔断器引线被烧断，触碰电杆，引发单相接地。故障处理过程中，A 相又出现单相接地故障，其一针式绝缘子的内部击穿，从而出现异地不同相别两点接地，造成相间短路，引起保护动作，跳开馈线出口断路器。在更换了绝缘子后，调度中心恢复正常供电。

事故分析　刚开始 B 相接地后，由于是小接地电流系统，非故障相电压升高至原来 $\sqrt{3}$ 倍，使 A 相绝缘子被击穿，从而产生很大的短路电流导致引起速断跳闸。

1.1.2　墙内亦非净土

本例中，两段 10kV 母线承担了电能分配的任务，每段母线通过 10kV 主开关与主变压器的 10kV 侧引出线相连。另一方面，每段母线又与各出线断路器相连。同时，母线上还有电压互感器等公用一次设备。

母线上各元件电流互感器以内的故障都属于母线故障。包括母线及直接连接在母线上设备的故障。例如连接在母线上的电压互感器、避雷器、母线开关等故障。连接在母线上的各断路器、电流互感器的故障也反应为母线故障。母线故障相对于输电线路、故障几率较小，多为永久性故障。

当任一馈线上发生单相接地故障时，所在母线的电压将会发生变化，影响将波及这条母线上的所有馈线。

误操作导致相间故障案例

某年某月某日 8 时 39 分，某电业局运行工区联合运行一班当值人员在 110kV 某变电站执行电容器组停役检修操作过程中，由于安全思想意识淡漠、工作责任心极差，发生了一起带负荷拉开关的恶性误操作事故。期间 1 号主变压器低压后备保护正确动作，跳开 1 号主变压器 10kV 断路器切除故障，导致 10kV Ⅰ 段母线失电，共损失电量 1.2 万 kWh。当时值班员两名，根据该变电站 1 号电容器 A 相电抗器接头发热处理检修计划，拟在 23 日将 1 号电容器改为检修状态。当值人员携带预令操作票于 8 时 15 分到达变电站，并做好接受调度令、操作准备工作。8 时 24 分，接到调度正式命令：××变压器"1 号电容器由热备用改为电容器检修"。

操作人接到监护人发给的操作令后，将操作票内容输入微机防误装置，随即开始操作。8 时 39 分，第一、二步为"核对设备状态"和"检查 1 号电容器开关确以断开"，两名操作人对"核对、检查"敷衍了事，想当然地以为 1 号电容器的断路器已打开，即认为设备的热备用状态是其操作的起始点，当操作到第三步"拉开 1 号电容器闸刀"时，因开关实际处于运行状态，带负荷拉开关的误操作事故发生了。此后，1 号主变压器低压后备保护正确动作，跳开 1 号主变压器 10kV 断路器切除故障，使 10kV Ⅰ段母线失电。经检查，事故造成 1 号电容器闸刀弧光烧伤、10kV 母联分段断路器 1 号闸刀弧光烧伤，闸刀支持绝缘子碎裂。9 时 24 分，区调开始调整运行方式，将 10kV Ⅰ段母线改为检修状态。12 时 21 分全部操作完毕，其后许可检修人员进行检修。19 时 50 分 10kV Ⅰ段母线恢复供电。

事故分析 监控人员在将操作票内容输入微机防误装置过程中，未对装置中 1 号电容器的断路器所处的运行状态与后台监控机的设备状态进行认真核对，对设备的状态视而不见，违章作业是导致本次误操作的直接原因。变电站采用微机防误操作闭锁也存在不足，使防误装置失去了应有的作用，也是本起事故的间接原因之一。

从故障分析的角度，上述事故属于母线设备因误操作而发生的相间短路。由此可见，变电站内的 10kV 部分，由于设备众多，在操作过程中容易发生事故，且影响面较大，后果较严重。

1.1.3 电磁隐患时刻存在

在开关柜绝缘系统中，各部位的电场强度存在差异，某个区域的电场强度一旦达到其击穿场强时，该区域就会出现放电现象，若施加电压的两个导体之间并未贯穿整个放电过程，即放电未击穿绝缘系统，这种现象即为局部放电。绝缘介质中电场分布、绝缘的电气物理性能等决定了发生局部放电的条件，一般情况下高电场强度、低电气强度的条件下容易出现局部放电。虽然局部放电通常不会贯通性的击穿绝缘，但却可能局部损坏电介质，如果长期存在局部放电的现象，则基于特定的条件下会降低绝缘介质的电气强度。由此可见，局部放电属于电气设备中的隐患，其破坏过程体现出缓慢性、长期性的特点。当绝缘发生局部放电时，就会影响绝缘寿命。每次放电，高能量电子或加速电子的冲击，特别是长期局部放电作用都会引起多种形式的物理效应和化学反应，如带电质点撞击气泡外壁时，就可能打断绝缘的化学键而发生裂解，破坏绝缘的分子结构，造成绝缘劣化，加速绝缘损坏过程。如对局部放电现象不加以重视，有可能造成绝缘劣化引起的各种故障。据报道，2009 年，广州地区环网柜故障总数 51 台，其中绝缘故障为 34 台，占了总故障数的 66.7%。

一般情况下，10kV 系统中最常发生的异常运行现象就是谐振过电压，谐振过电压虽然幅值不高，但可长期存在。尤其是低频谐波对电压互感器线圈设备影响的同时，危及变电站其他设备的绝缘，严重的可使母线上的其他薄弱环节的绝缘击穿，造成严重的短路事故、大面积停电事故等。当电压互感器自身的感抗和系统对地电容达到一定的参数条件时，如架空线路对地间歇性电弧放电或因系统电压不稳定等，就有可能发生铁磁谐振产生过电压和过电流，损坏设备造成事故。目前，我国电力系统变电站 10kV 母线上的电压互感器绝大部分采用电磁式电压互感器，而在某些变电站 10kV 母线的电压互感器多次发生一次熔断器熔断现象，多数都因铁磁谐振引起。

但近几年随着 10kV 架空线路和电缆线路的不断增加，系统对地电容已经避开铁磁谐振区域，在日常运行中变电站仍有电压互感器频繁出现故障。某变电站 10kV 系统在 2008 年 7～8 月发生多次因架空线路间歇性电弧放电而导致母线电压互感器一次熔断器烧毁事故就是一起典型的例子，更换熔断器多达 25 条，导致频繁改变运行方式，造成较大的电网质量和电网设备直接损失。经分析，系统单相弧光接地时，虽未引起铁磁谐振，当单相接地切除电弧熄灭瞬间，正常相对地电容储存的电荷会进行重新分配，在三相回路中对地电容和电压互感器一次感抗形成零序振荡电路，发生超低频振荡，低频磁链使电压互感器瞬间达到饱和。

1　接地引发绝缘击穿故障案例

某年某月某日 14 时 23 分，某供电公司下属的一 110kV 变电站中 10kV Ⅱ 段母线突然接地，根据站内的小电流选线装置传出的信号，判断是某馈线（设为 F 馈线）上发生了单相接地事故。因为 F 馈线上有一重要客户，所以配电网调度部门并没有立刻切除线路故障，先是与这个用户联系停电，却遭到了拒绝。15 时 07 分，F 馈线出口断路器跳闸，不到 2min，该站其他 9 条 10kV 线路及两个站用变压器全都跳闸，整个变电站失电，导致该站供电的数家重要双回路用户停电。事故调查发现，这所变电站中的 10kV 电缆沟中很多回 10kV 电缆击穿，绝缘层烧毁，导致多条线路保护跳闸。

事故分析　该变电站单相接地的原因为某柱上避雷器引线被炸毁。在小接地电流系统中，单相接地发生后，仍可运行 1～2h，而线路在一段时间内将会承受过电压，有可能造成某些设备的绝缘被击穿，从而引发了相间短路故障。该故障中，由于接地故障引发的过电压，导致大面积的电缆绝缘层烧毁，是一起单相接地事故引发的复杂扩大性事故。

2　励磁涌流案例

某年某月某日 18 时 10 分，某 10kV 馈线工作完毕，恢复送电时过电流保护动作跳闸。事故巡线未发现故障点，拉开部分线路和配电变压器后恢复送电成功。渭黄线供电平均半径 15km，配电变压器装设容量约 2000kVA，TA 变比为 50/5，动作时电流（二次值）A 相为 10.66A，B 相为 10.31A，C 相为 10.44A。过电流整定值为 8.5A，0.3s。

事后对相关线路的保护装置及二次回路进行试验检查，试验结果正常，未发现异常情况。

该线路过电流保护（过电流Ⅲ段）定值按躲过线路的最大负荷电流整定并保证有足够的灵敏度，时限按与上级保护配合整定。考虑到 10kV 线路负荷波动较大，一般按线路设备的允许输送限额确定最大负荷电流。受变电站主变压器容量的限制，线路最大负荷电流按小于 0.9 倍主变压器额定电流考虑，定值也必须与主变压器后备保护配合，以满足上下级配合关系。从该馈线的保护定值来看，设备允许输送限额为馈线电流互感器一次额定电流，过电流定值按线路设备允许输送额限的 1.7 倍整定，时限按与主变压器后备配合整定。定值计算满足规程。

从跳闸线路的共同点分析，线路励磁涌流引起保护动作跳闸的可能性较大，因为变压器励磁涌流最大值可达到变压器额定电流的 6～8 倍，并且跟变压器的容量大小有关，变压器容量越小，励磁涌流倍数越大。同时，励磁涌流存在很大的非周期分量，并以一定时间系数衰减，衰减的时间常数同样与变压器容量大小有关，容量越大，时间常数越大，涌流存在的时间越长。

事故分析　由于该线路装有大量的配电变压器，在线路合闸瞬间，可能出现较大的涌流，时间常数也较大，而且励磁涌流值可能会大于装置整定值，使保护误动。这种情况在线路变压器个数少、容量小、系统阻抗大及保护动作时间长时并不突出，容易被忽视，但当线路变压器个数及容量增大且保护动作时间较短时，就可能出现。该线路实际情况是由于线路实际负荷率较低，馈线电流互感器并未按配电变压器容量的增加及时更换。配电变压器装设容量约 2000kVA，而馈线电流互感器变比仅为 50/5，配电变压器装设容量对应额定电流为 115A，与 TA 一次额定电流的比值为 2.3。受馈线电流互感器限制，线路的过电流保护整定值小，动作延时又偏短，可能躲不过线路合闸瞬间的励磁涌流。

1.1.4 故障及隐患的分析

继电保护装置本身并不能预知或预防故障的发生，本书的宗旨也在于教会学生有关继电保护的配置、整定值计算等设计内容及测试、整定值设定等操作内容。在确定所配置继电保护整定值之前，必须预先计算出所设计电力系统中与继电保护装置相关各点发生故障前后的电流及电压。而进行此项工作，必须对电力系统故障分析的一些基本概念及技术要领有清晰地认识与了解。故障后的电气量中存在周期与非周期分量，而继电保护装置更关心的是周期分量，传统故障分析所讨论的电气量大多为周期分量。另一方面，非周期分量将对于互感器的传变及保护的动作行为产生影响，因此，在分析时，仍需要兼顾非周期分量。

电力系统故障分析有一套较为严密的理论体系，多数电气工程及其自动化专业的学生，虽学过"电力系统暂态分析"或类似课程，但对于故障分析知识掌握较浅薄。特别是电力系统继电保护专业方向的学生，建议自学"电力系统故障分析"，以加深对该方面知识的理解。以下是检验是否基本掌握配电网故障分析知识的几道自测问题：

（1）何为平均额定电压？如采用近似计算法，变压器标幺值如何计算？

（2）短路电流值标幺值与短路容量标幺值是什么关系？

（3）能否可在不借助于书本的情况下，写出三相电压与正序、负序、零序电压的转换公式，画出相应的相量图？

（4）如何画正序阻抗图，对于图 1-1，能否画出变压器低压侧三相短路时的正序阻抗图？

（5）如何画负序阻抗图？对于图 1-1，能否画出某条出线两相短路时的负序阻抗图？

（6）复合序网法及三相短路与两相短路正序电流的求法，负序电压、电流的求法。

（7）故障相电流、电压的求法，相量图的画法。

（8）如图 1-1 所示，能否写出或画出某条出线两相短路时，故障点的相电压与保护安装处相电压的关系？

（9）如图 1-1 所示，已知变压器的接线组别为 Y，d11，已知低压侧母线发生两相短路，试画出变压器低压侧各相电压与高压侧各相电压相量图？

（10）如图 1-1 所示，能否画出某条出线发生单相（如 A 相）接地时，三相电压将如何变化？此时电压互感器开口三角输出的电压量值约为多少？

以上 10 题，如能回答出 6 题及以上，说明已基本掌握故障分析，如果只能回答 5 题及以下，还需要继续加油。

学习故障分析有许多手段，建议结合本书的训练内容做一次完整的整定计算以大幅提升分析水平。电力系统在各种故障情况下的电流、电压的变化只是其中的一部分内容，故障分析还包括故障的性质、起因、发展过程、处理过程，可能的损失，责任分析、经验教训，改进措施等多项内容。

1.1.5 配电网故障分析任务

为了更好地分析本案例所涉及的各种故障，有必要根据已有的理论知识，重点对馈线相间短路故障、馈线（母线）单相接地故障、母线设备故障进行分析，在此基础上简要对电磁隐患进行分析。

故障分析是以人工计算为基础，按参数计算、网络建立与化简、序分量计算、各相电气量计算、故障电气量分布等步骤加以实施，对于暂态电气量可利用 Matlab、PSCAD 等软件加以求解，也可以通过高级语言编程以获得相应的结论。

对于初学者来说，故障计算是一个难题。当需要从定量的角度分析和研究一个实际问题时，就要在深入调查研究、了解对象信息、做出简化假设、分析内在规律等工作的基础上，用数学的符号和语言作表述，也就是建立数学模型。然后用通过计算得到的结果来解释实际问题，并接受实际的检验，这个建立数学模型的全过程就称为数学建模。实质上，故障计算的整个过程就是数学建模过程。图 1-2 为该过程的一个思维导图，该图从案例、电气量分析、保护需求、手段四个子目标说明了配电网故障分析的目标结构。

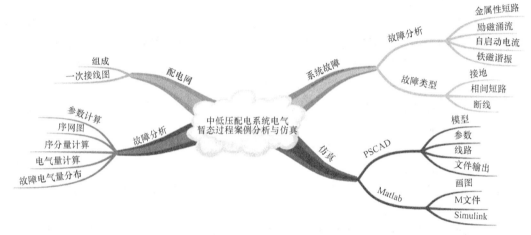

图 1-2　配电网故障分析与仿真的思维导图

对于馈线相间短路故障，主要可分为馈线主干线上的三相短路或两相短路故障，以及馈线所接配电变压器低压侧的三相短路或两相短路。不难得出，对于配电变压器内部故障的短路电流大小将介于上述两者之间。

由于 10kV 配电网采用中性点非有效接地系统，发生接地故障后，零序电流很小。馈线上单相接地故障与母线上发生接地故障的电气量特征几乎没有区别，因此合并为一例分析。

本节所述误操作案例属于母线设备故障，该元件的保护并不能切除该故障，因此，对于变电站中某些位置的故障，虽其故障特征与馈线主干线出口处故障特征类似，但如果结合电流互感器的安装位置综合考虑，将会得到一些新的结论。不难看出，故障分析的主要工作是集中在短路电气量的分析与计算方面，在短路电气量计算中尽量避免以下错误：

（1）标幺值未统一折算。标幺值所采用的额定容量为一般取 100MVA 或 1000MVA。对于发电机、变压器的铭牌参数，需经过近似计算法加以折算，才能纳入各序阻抗网络。

（2）零序网络图构成错误。零序网络的构造机理与正序网络是不一样的，首先必须考虑零序网络、零序阻抗是否需要计算，如双绕组变压器的角形侧发生接地故障时，零序阻抗为无穷大。

（3）短路点电流与流过保护的电流混用。根据正、负、零序综合阻抗计算得出的短路电流，不一定就是流过保护安装处的电流，因此要掌握电力系统中各电气量值的分布计算方法。学会使用电流分布系数来求取流过保护的电流。

（4）运行方式考虑不周到。在进行短路计算前，应考虑多种运行方式，如图 1-1 中，应考虑是否按两台变压器并列运行进行计算，为什么不能并列，分列运行时系统等值阻抗如何计算等问题。

（5）数值混乱。经互感器折算后的电气量值为二次值，必须正确地将一次电气量值按互感器变比合理地折算成二次值。这件事看起来简单，实际上最易出错，如标幺值与有名值不分，千安与安培不分等现象在计算中是经常出现的。

如果你已经大致了解了故障案例及将要进行任务，那就让我们先从故障参数计算开始吧！

1.2 10kV配电系统故障电气量分析

故障电力量分析是完成故障分析总体目标的重要子目标。本节将从完成该子目标的深度分析、参数计算，网络及方法等几个方面说明完成该子目标的具体要点。

1.2.1 深度分析

一般认为，故障分析的步骤是参数计算、网络化简、电气量计算。实质上，在此之前一定要加上"深度分析"，做好充分的数据准备尤为重要。

10kV配电系统的故障计算以相间短路为主，且电源为单侧电源网络。故障分析相对简单。但从数学建模的角度来看，初学者存在的主要问题仍为准备不足或研究分析不足。以下为几个提醒：

（1）是否已获得以110kV主变压器高压侧母线为界的系统等值阻抗标幺值？其中含有最大运行方式及最小运行方式下的正序、负序阻抗。

（2）是否已获得所计算的馈线的型号（如 YJV22 - 3×300）及所对应的额定电流（或限额电流，对应 YJV22 - 3×300 的限额电流为 450A）等参数？

（3）是否已获得计算所需的主变压器、配电变压器的型号及相应的参数？

（4）是否已获得所计算的馈线的最大负荷电流或对最大负荷电流有所估计？

（5）本例中 10kV 所接的接地变压器（兼所用变压器）的中性点是不接地的，还是经消弧线圈接地的？

（6）10kV 系统共有多少保护？为了这些保护，需要进行哪些配电网的故障计算？

（7）故障后继电保护的正常反应是怎样的？

（8）馈线的自启动系数是多少，或假设为多少？

1.2.2 参数计算

取基准容量为 100MVA，即 $S_B = 100MVA$，基准电压为平均额定电压，即 $U_B = U_{av}$，本例中涉及两个电压等级的平均额定电压分别是 10.5kV 及 115kV。阻抗参数均采用标幺值，系统参数一般都已按照 100MVA 容量给定；对于变压器而言，需要将根据自身容量标定的短路电压百分数折算成标准标幺值；对于线路，则需要根据有名值计算出标幺值。阻抗计算示意如图 1-3 所示。

图 1-3 阻抗计算示意图

（1）系统参数。110kV 侧系统等值阻抗（最大运行方式下正序等值阻抗）假设已给定：$X^*_{\text{S.1.min}} = 1.0149$（$X^*_{\text{S.1.min}}$ 中下标 S 为系统；1 为正序阻抗；min 为最大运行方式下系统的等值阻抗最小；* 为标幺值）。

（2）变压器参数。1 号主变压器的容量 $S_{\text{T1.N}} = 31.5\text{MVA}$（$S_{\text{T1.N}}$ 中下标 T1 为 1 号主变压器，它的高压侧对应于 110kV 电压等级，低压侧对应于 10kV 电压等级；N 为额定容量），短路电压百分数 $U_{\text{k.T1}}\% = 10.5\%$。1 号主变压器的阻抗标幺值为

$$X^*_{\text{T1.1}} = U_{\text{k.T1}}\% \times \frac{S_{\text{B}}}{S_{\text{T1.N}}} = 0.333$$

（3）馈线参数。第一次故障点 k_1 至 10kV 母线的阻抗标幺值 $X^*_{\text{L1.1}}$（下标 L1 为馈线 U）计算是按 $0.4\,\Omega/\text{km}$ 进行正序阻抗的折算。已知导线参数为 LGL‑150，距离 2.458km；导线阻抗标幺值为

$$X^*_{\text{L1.1}} = x_1 L_1 \frac{S_{\text{B}}}{U_{\text{B}}^2} = 0.4 \times 2.458 \times \frac{100}{10.5^2} = 0.89$$

从故障点 k_1 至第二次故障点 k_2 的导线参数为 LGL‑50，距离为 0.338km。导线阻抗标幺值 $X^*_{\text{L2.1}} = 0.149$。

（4）配电变压器参数。本例中，配电变压器容量为 $S_{\text{DT1.N}} = 100\text{kVA} = 0.1\text{MVA}$，短路电压百分数 $U_{\text{k.DT1}}\% = 4.1\%$，计算方法同主变压器参数计算，其阻抗标幺值 $X^*_{\text{DT1.1}} = 41$。

1.2.3　网络化简方法

对于故障点而言，如果等值正序阻抗与等值负序阻抗相等，则求出三相短路电流后，再乘以 0.866 系数，即可得出两相短路的相电流。因此，配电网相间短路的计算重点在于三相短路。而三相短路为对称性的短路，因此用正序阻抗网络即能解决问题。由图 1‑4 不难看出，如将系统阻抗与主变压器阻抗合并，可获得一等值阻抗 $X^*_{\text{S.eq1.1}}$。这样就相当于计算出了从 10kV 母线到系统电压源之间的等值阻抗。再将该阻抗与线路相应故障点所对应的阻抗值相加，即可得对于该故障点三相短路电流计算用的等值阻抗 $X^*_{k_1.\text{eq.1}}$。

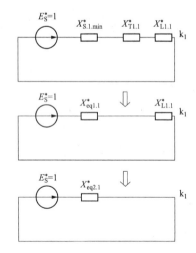

图 1‑4　正序阻抗网络的简化

此例中，$X^*_{k_1.\text{eq.1}} = 2.2382$。同理，可求出 k_2 点故障点的等值正序阻抗 $X^*_{k_2.\text{eq.1}} = 22.887$。注按配电变压器内部故障计算，配电变压器阻抗标幺值取为 20.5。

1.2.4　短路电流计算

k_1 点三相短路电流标幺值为

$$I^{(3)*}_{k_1} = \frac{E^*_{\text{S}}}{X^*_{k_1.\text{eq.1}}} = \frac{1}{2.2382} = 0.4468$$

k_2 点三相短路电流标幺值为

$$I^{(3)*}_{k_2} = \frac{E^*_{\text{S}}}{X^*_{k_2.\text{eq.1}}} = \frac{1}{22.887} = 0.0436$$

根据标准容量 100MVA 及标准电压 10.5kV 可得出短路电流标准值约为 5500A，计算得出 k_1 点三相短路电流有名值为

$$I^{(3)}_{k_1} = I^{(3)*}_{k_1} \times I_{\text{B.10}} = 0.4468 \times \frac{100 \times 1000}{\sqrt{3} \times 10.5} = 2456.70(\text{A})$$

k_1 点两相短路电流有名值为

$$I_{k_1}^{(2)} = I_{k_1}^{(3)} \times \frac{\sqrt{3}}{2} = 2456.70 \times 0.866 = 2127.50(A)$$

k_2 点三相短路电流有名值为

$$I_{k_2}^{(3)} = I_{k_2}^{(3)*} \times I_{B.10} = 0.0436 \times \frac{100 \times 1000}{\sqrt{3} \times 10.5} = 239.47(A)$$

k_2 点两相短路电流有名值为

$$I_{k_2}^{(2)} = I_{k_2}^{(3)} \times \frac{\sqrt{3}}{2} = 239.47 \times 0.866 = 207.38(A)$$

由上述故障分析结果可知，第一次故障的电流为 2127.50A，超过馈线速断保护定值，第二次故障为配电变压器永久故障，故障电流定为超过 207.38A，高于馈线过电流保护定值，但低于配电变压器自身装设的高压熔断器的熔断值。馈线继电保护的动作行为是正确的，但配电变压器自身的熔断器配置有误。

1.2.5　其他参数计算

计算出短路电流，只能满足速断电流保护及限时电流速断保护的整定需要。过电流保护整定时，还需要预先知道每条馈线持续运行载流量、TA 变比、正常运行额定电流等值，以便于计算过电流保护定值。表 1 - 1 为某市部分 10kV 线路额定电流与过电流保护定值示例，持续运行载流量是根据该馈线的导线型号确定的，TA 变比的选择也与此相关。正常运行额定电流是由调度部门根据实际运行情况提供的，而相应的过电流保护定值依据此电流计算得出。

表 1 - 1　　　　　　　　　　10kV 线路额定电流与过电流保护定值示例

线路名称	导线型号	持续运行载流量（A）	TA 变比	正常运行额定电流（A）	过电流保护定值一次值（A）
淮海东Ⅰ线	YJV22 - 3×300	450	600/5	450	780
人民Ⅱ线	YJV22 - 3×300	450	600/5	400	600
红卫线	YJLV22 - 3×500	480	600/5	300	450
东风线	YJV22 - 3×300	450	500/5	330	495
罐头线	YJV22 - 3×400	510	500/5	480	720
王兴线	LGJ - 240	510	300/5	236	354
工业线	LGJ - 150	360	600/5	360	600
四门闸线	LGJ - 71	191	600/5	191	600

1.3　基于 MATLAB 软件的 10kV 配电系统故障仿真

1.3.1　MATLAB 软件仿真简介

MATLAB 语言是由美国的 Cleve Moler 博士首创的，是 MathWorks 公司推出的一套高性能的数值计算和可视化软件。在 MATLAB 中，矩阵的

1.3

基于 MATLAB 软件的
10kV 配电系统故障仿真

运算变得非常容易，如求矩阵的逆矩阵，在 MATLAB 中只需一条语句即可实现，所以该软件一出现就广受欢迎，它也逐渐发展、完善、逐步走向成熟，形成了今天的模样。值得一提

的是，目前流行的新版本的 MATLAB 软件中包含有 Simulink 及功能强大的仿真电力系统模块库，它的功能非常强大，含有电路、电力电子系统、电机系统和系统的仿真模型，建模只需点击和拖拉即可完成，类似于"搭积木"。利用 MATLAB 进行继电保护原理及装置的计算机仿真是当今高校及科研机构学习研究新型保护装置的重要手段之一。

MATLAB 看似神秘，难以掌握，实际上利用 MATLAB 进行配电网故障的仿真分析并非难事，通过一定的案例教学，可以使学生在较短的时间内，得其基本要领。

首先，可根据图 1 - 1 的 10kV 部分，利用 Simulink 模块"搭"出一个基本配电网的模型，利用这个模型，基本上可"获得"系统故障时的电气分量，当然这种"获得"，仅仅是视觉上而已。如要利用仿真模型进行深入地分析，还需要掌握以下一些本领：

（1）编写 M 文件。程序大致分为 M 脚本文件（M - Script）和 M 函数（M - Function）两类，它们均是普通的 ASCII 码构成的文件。

M 脚本文件中包含一组有 MATLAB 语言所支持的语句，它类似 DOS 下的批处理文件。它的执行方式很简单，用户只需在 MATLAB 的提示符下输入该 M 文件的文件名，这样 MATLAB 就会自动执行该 M 文件中的各条语句，并将结果直接返回到 MATLAB 工作空间。使用 M 函数格式成为 MATLAB 程序设计的主流。

（2）通过 S - function 自创模块。Simulink 为用户提供了许多内置的基本库模块，通过这些模块进行连接而构成系统的模型。对于那些经常使用的模块进行组合并封装，可构建出重复使用的新模块，但它依然是基于 Simulink 原来提供的内置模块，相当于模块的组装而已。Simulink 中的 S - function 是一种强大的对模块库进行扩展的新工具，相当于自定义模块，如可自建一个"故障分析"模块。S - function 在 MATLAB 里，可选择用 m 文件编写，本节也只介绍如何用 m 文件编写 S - function。其封装、测试及应用的方法可参考相应书籍。

1.3.2 MATLAB 仿真常用模块

Simulink 是由模块库、模型构造及指令分析、演示程序等几部分组成。Simulink 提供了用框图进行建模的图形接口。模块框图是动态系统的图形显示，由一组称为模块的图标组成，模块之间采用连线连接。每个模块代表了动态系统的某个单元，并且产生一定的输出。模块之间的连线表明模块的输入端口与输出端口之间的信号连接。模块的类型决定了模块输出与输入、状态和时间之间的关系。一个模块框图可以根据需要包含任何类型的模块。

模块代表了动态系统的某个功能单元，每个模块一般包括一组输入、状态和一组输出等几个部分。

Simulink 模块的基本特点是参数化的，许多模块都具有独立的属性对话框，在对话框中用户可以定义模块的各种参数。Simulink 包含 Sinks（输出方式）、Source（输入源）、Continuous（连续环节）、Nonlinear（非线性）、Discrete（离散环节）、Signals & System（信号与系统）、Math（数学模块）和 Functions & Tables（函数和查询表）等子模型库。

配电网设计常用的模块位于 Simulink 模块库和 SimPowerSystems 模块库中不同的模块。

1. 位于 Simulink 模块库的模块

（1）到工作空间模块（To Workspace block）。位于输出显示（Sinks）库，主要功能为向工作空间（Workspace）传递数据，仿真模型的运行结果，在工作空间显示后，在（Command）界面中，可以进行进一步的处理。

（2）输入端口模块（In1 block）。位于源模块（Sources）库，主要功能为信号输入。

（3）输出端口模块（Out1 block）。位于输出显示库，主要功能为信号输出。

（4）分路器模块（Demux block）。位于信号通道模块（Signal Routing）库，主要功能为将一个向量信号分解为多路信号。

（5）示波器模块（Scope block）。位于输出显示库，主要功能为显示信号的波形，在仿真中，主要担任波形显示作用。

（6）常数模块（Constant block）。位于源模块库，主要功能为产生一个常数值信号。

（7）乘法模块（Product block）。位于数学模块库，主要功能为信号的乘积或商。

（8）数据存储模块（Data store block）。位于信号通道模块库，主要功能为定义一个共享的数据存储空间。

（9）增益模块（Gain block）。位于数学运算（Math Operations）库，主要功能为将模块的输入信号乘上一个增益。

（10）子系统模块（Subsystem block）。位于端口与子系统模块（Ports & Subsystems）库。

（11）显示模块（Display block）。位于输出显示库，主要功能为显示输入信号的值。

2. 位于 SimPowerSystems 模块库的模块

（1）三相电源模块（Three - Phase Soure block）。位于电源（Electrical Sources）子库中，模拟系统等值电源，其电源电压、等值阻抗（或短路容量）、频率等参数可自行设定。

（2）三相断路器模块（Three - Phase break）。位于元件（Elements）子库中，主要功能为控制各支路的通断，模拟真实的断路器。既可自己设定分合的次数与具体时刻，也可选择直接根据外部命令分合；既可三相操作，也可单相操作；既可设置原始状态为闭合状态，也可设置原始状态为断开状态。

（3）三相变压器（双绕组）模块［Three - Phase Transformer（Two Windings）block］。位于元件（Elements）子库中，模拟真实的变压器。可方便地设置容量、变比、变压器铭牌参数等，还可设置断路器是否为饱和模型，以便于进行变压器励磁涌流仿真。

（4）配电网常用等值线路（Three - Phase Mutual Inductance Z1 - Z0）。位于元件（Elements）子库中，定义为一种考虑三相间互感的三相线路，设置时，只要输入根据线路参数及长度计算出的正序阻抗参数与零序阻抗参数对应的电阻、电感值（在 50Hz 频率条件下，相当于电抗值除为 100π）。如已知每千米的阻抗参数，也可采用三相 PI 型等值线路（Three - Phase PI Section Line）模块，便于改变长度。

（5）三相串联 RLC 负载模块（Three - Phase Series RLC Load block）。位于元件（Elements）子库中，用于模拟三相对称性负载。在故障仿真过程中，该值不宜设置过大，但如果没有该模块，仿真模型有可能会报错。

（6）三相故障模块（Three - Phase Fault block）。位于元件（Elements）子库中，主要功能为实现相间短路及接地故障模拟，可方便地设置故障开始及结束的时刻，可设置多次故障；也可设置经过渡电阻的故障。

（7）三相电压－电流测量器模块（Three - Phase V - I Measurement block）。位于测量（Measurements）子库中，相当于万用表。主要功能为测量三相电路中各相的电压、电流信号，使用时串联在被测电路中，在仿真中，需要注意及时对所测量参数进行命名。

（8）傅里叶变换模块（Fourier block）。位于附加（Extra Library）子库中的测量库中，主要功能为对信号正交分解，主要用于获得输入信号中工频波（基波）幅值及相角，也可通过设置获得其他次谐波的幅值与相角。

（9）Powergui 模块（Powergui block）。位于 SimPowerSystems 主库中，用于对整个仿真模型进行仿真环境的设置。相当于仿真模型的"人机对话界面"。在这里，可以设置采用连续仿真或离散性仿真的仿真模式；可设置采用周期、初始状态；可进行潮流计算，对故障前的各参数及电气量进行测量与显示，可进行傅里叶变换分析，计算 RLC 线路的参数等。总之，Powergui 是帮助初学者探索模型奥妙的窗口，功能强大超乎想象。许多心急的初学者，兴冲冲建立模型，期望快速成功，结果定是漏洞百出，待仿真多次碰壁后，打开 Powergui，才恍然大悟。

1.3.3 仿真示例

本书将提供一个简单 10kV 单侧电源供电系统的模型，模拟馈线上或所接配电变压器发生的各种故障，并简要介绍观察、记录、分析电气量的各种方法。

1. 基本界面的介绍

主界面显示窗口，主要包括命令窗口及其菜单与工具栏、当前工作路径窗口、工作空间窗口以及历史命令窗口等。下面分别介绍各分窗口的功能。

（1）命令窗口（Command Window）及其菜单与工具栏。主要完成 MATLAB 文件管理、工作环境的设置、MATLAB 退出操作以及 MATLAB 命令的执行。

（2）当前工作路径（Current Folder）窗口。用来显示当前工作路径中所有文件、文件类型、最近修改时间和相关描述等内容。另外可以通过当前路径选择改变当前路径。

（3）详细（Detail）窗口。用来显示当前路径窗口中选定的文件的说明提示信息。

（4）历史命令（Command History）窗口。用来显示已经输入的并已被执行过的命令和每次开机的时间等历史信息。

（5）工作时间（Workspace）窗口。用来显示在 MATLAB 命令空间存在的变量等信息，包括变量的名字、大小、字节和类型等信息，并通过右键单击弹出的对话框进行操作。

（6）编辑（Editor）窗口。用于 M 程序代码的编辑或修改。

（7）图形显示（Figure）窗口。用于显示各种数据图形，可以是二维图形，也可以是三维图形。

（8）帮助（Help）窗口。用来显示和查找有关帮助信息和例程。

2. 新建一个模型文件

建立该单侧电源供电系统的模型的主要步骤如下：

（1）在命令窗口输入"Simulink"，或在命令窗口上方点击主界面上的"Simulink"按钮，打开"Simulink Library Browser"。

（2）在菜单栏中选择"File"，然后选择"New"。此时会有两个选项，选择新建"Model"。

（3）构建一次系统，10kV 馈线系统仿真模型图如 1-5 所示，图中各个模块来自 PSB 与 Simulink 库。通过"Powergui"选择采样频率为 2000Hz；等值 110kV 电力系统采用三相电源模块（Three - Phase Soure block）；变压器采用三相变压器（双绕组）模块［Three - Phase Transformer（Two Windings）block］模块。测量元件采用三相电压-电流测量器模块（Three - Phase V - I Measurement block），线路采用三相 PI 型等值线路（Three - Phase

PI Section Line）模块。

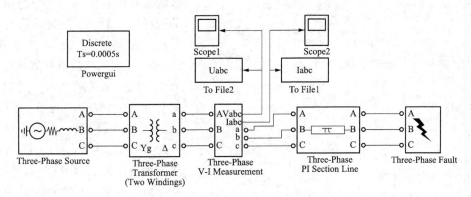

图 1-5   10kV 馈线系统仿真模型图

图 1-6 为双击三相电源模块出现的设置界面，注意额定电压选择故障分析常用的平均额定电压值（115e³代表 115000V，即电源基准电压设置为 115kV），相位角设置为 0°，频率设置为我国电力系统所采用的 50Hz。短路容量"3－phase short circuit level at base voltage（VA）"的设置由"1.2.2 阻抗参数计算"所假设的系统参数 $X^*_{S.1.min} = 1.0149$ 计算得到。计算方法为该值取倒数后，乘以 100×10^6 VA。其他取默认值，品质因素"X/R ration"设置为 7。

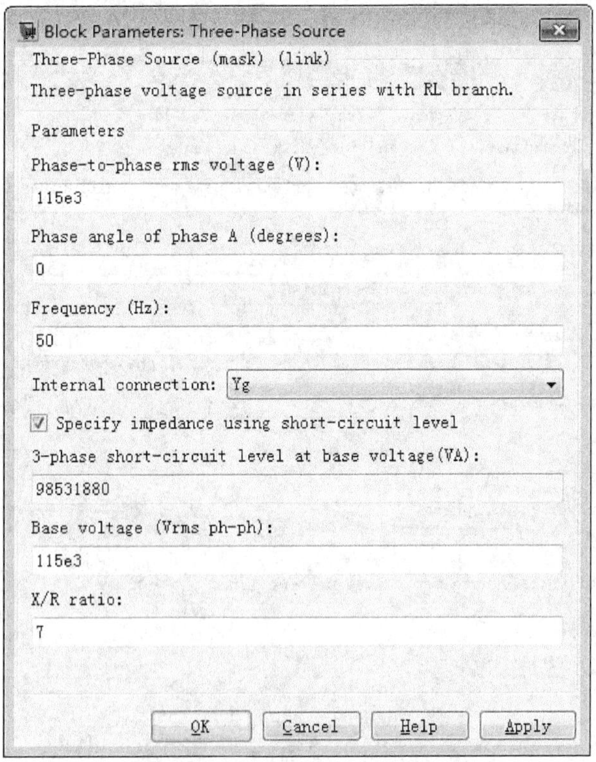

图 1-6 三相电源模型参数设置

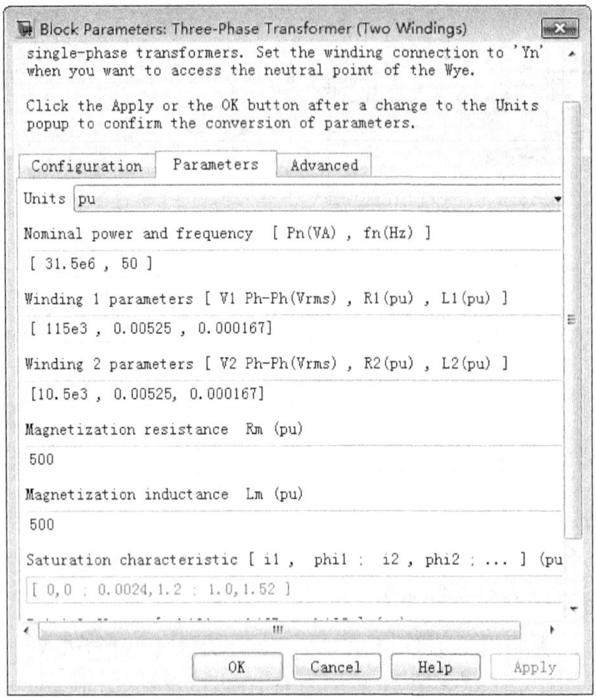

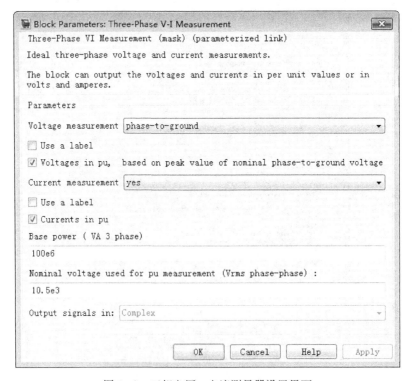

图 1-7　变压器参数设置界面

图 1-7 为双击三相变压器模块出现的参数设置界面，注意容量与变比的选择与"1.2.2 阻抗参数计算"相呼应。变压器变比设置为 115kV/10.5kV，高压侧阻抗和感抗分别设置为 0.00525pu（标幺值，无单位，下同）、0.000167pu，低压侧阻抗和感抗分别设置为 0.00525pu，0.000167pu。L1（pu）、L2（pu）为根据等值阻抗（漏电抗）计算出的电感参数，设置方法为将短路电压百分数 $U_{k.T1}\% = 10.5\%$，除以 2 后，再将其除以 100 得到。漏电阻取为漏电抗的 1/10，R1（pu）、R2（pu）为将短路电压百分数 $U_{k.T1}\% = 10.5\%$，除以 2 后，再将其除以 10 得到。其他取默认值。

图 1-8 为双击三相电压-电流测量器出现的设置界面，注意电压取相对地电压的标幺值，电流也采用标幺值。其标准容量为 100MVA、标准电压取为 10.5kV。

图 1-8　三相电压-电流测量器设置界面

图 1-9 为三相线路设置界面，注意 L1、L0 的设置是为电感值，根据上节示例设置的正序阻抗为每 0.4 Ω/km 条件，假设线路阻抗角为 70°。可计算出具体的电阻与电抗值。其中 L1 根据电抗值除以 100 得到，再乘以 3 倍得 L0；正序电阻 R1、零序电阻 R0 求法类似，只是不需要除以 100。长度与上节示例 k_1 点故障距离吻合。线路容抗参数选择默认即可，线路长度设置为 2.458km。

图 1-10 为故障参数设置界面，通过勾选，设置为三相短路，非接地故障。故障的过渡电阻取默认值即可。"Transition time"为设置故障起始及结束时间的窗口，这种设置即为仿真开始后第 3 个工频周期时开始故障，到第 13 个工频周期时结束。

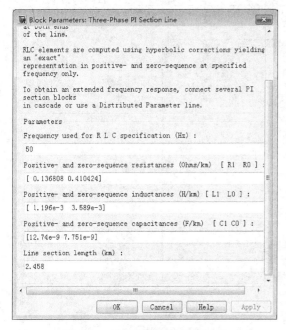

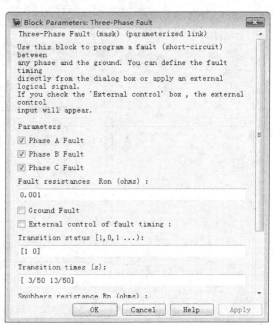

图 1-9 三相线路参数设置界面　　　　　图 1-10 故障参数设置界面

另外，通过"Powergui"选择采样频率为 2000Hz 的方法为在"configure parameters"界面中选择"Discrete"仿真模式，并设置采样时间"Sample time（s）"为 0.0005s。该参数设置将影响输出数据的规模，对于继电保护装置而言，一般每个工频周期采样 12～64 个点。因此本仿真中，取采样频率为 2000Hz（如图 1-11 所示），相当于每个周期采样 40 个点，与保护装置的实际情况相吻合。

（4）设置示波器及数据输出。图 1-5 中的 Scope1、Scope2 相当于观察三相电压、电流的示波器。通过 Scope，可将示波数据存到"Workspace"中，图 1-12 所示为对于 Scope1 具体的设置方法。勾选相应选项后，可设置变量的名称（Variable name）"I"。Scope2 与 Scope1 设置类似，只是将变量名称设置为"U"。

"To File"模块是将仿真输出数据输出到当前文件夹（可根据需要设置，否则文件将保存至默认文件夹中。）图 1-13 为电流量输出设置界面，文件名（File name）为"Iabc"，变量名为"I"，在模型运行成功后，将在当前文件夹中出现一个以 Iabc 命名的 MAT 数据文件。MATLAB 可以打开该文件，在"Workspace"中将出现变量名称为"I"的矩阵。这样做的目的是为后续的数据分析做好准备。

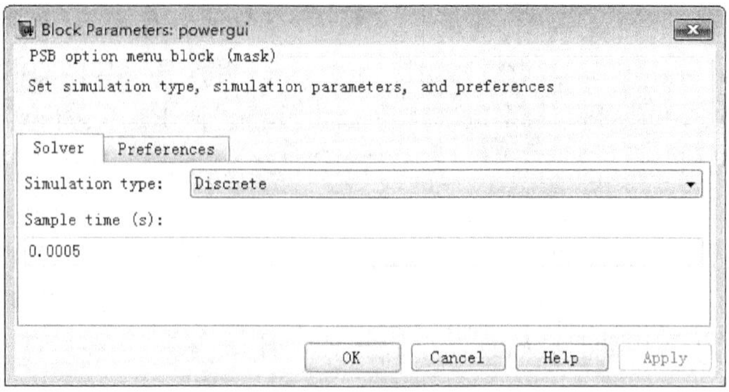

图 1-11 仿真采样频率的设置

图 1-12 Scope1 仿真历史数据输出到 Workspace 设置示意图

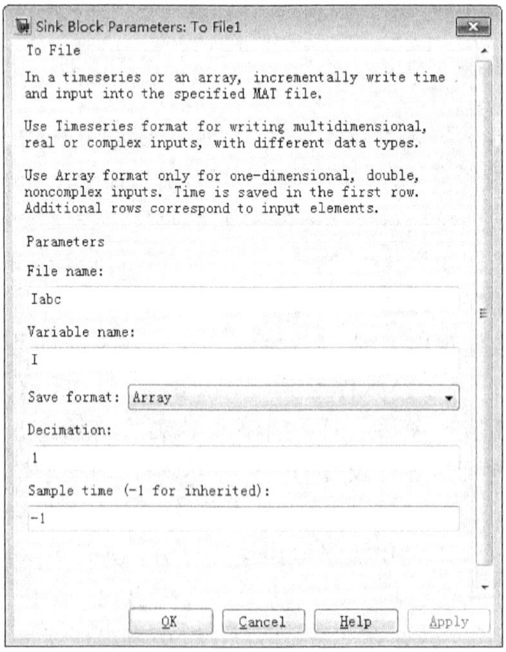

图 1-13 To File 设置示意图

（5）故障仿真。在"Simulink Library Browser"界面的主菜单下方有"Simulation stop time"设置窗口，设置仿真时间（Simulation time）为 0.5s。由于采样频率设置为 2000Hz，因此，可以获得 1001 个采样点数据。点击"start simulation"按钮或键盘输入"Ctrl+T"，运行仿真模型。

（6）电气量的观察。仿真完毕后，点击 Scope 可观察相应电气量波形。通过 Scope2 得到仿真的电流量输出三相电流波形如图 1-14 所示。在其界面中，可通过 Parameters 设置横轴的长度为 0.3s，也可设置 Y 轴的参数及图名等。右击鼠标"Autoscale"可较方便地观察图形。观察图形可见，在"3/50"（参考故障设置模块）即 0.06s 时，故障开始，在"13/50"（参考故障设置模块）即 0.26s 时，故障结束，共 10 个工频周期。故障前期的 2 个周期可观察到非周期分量的影响，之后几个周期的短路电流（标幺值）与前节故障计算结果基本吻合。

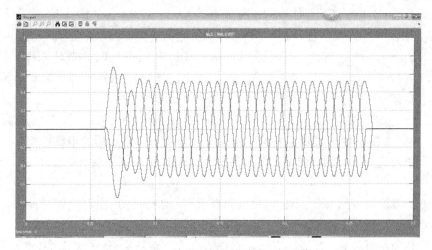

图 1-14　输出三相电流波形（标幺值）

1.4　基于 PSCAD 软件的 10kV 配电系统故障仿真

1.4.1　PSCAD 仿真软件简介

EMTDC（Electro Magnetic Transient in DC System）是目前世界上被广泛使用的一种电力系统仿真分析软件，它即可以研究交直流电力系统问

1.4
基于PSCAD软件的
10kV配电系统故障仿真

题，又能完成电力电子仿真及其非线性控制的多功能工具（Versatile Tool）。最早版本的 EMTDC 由加拿大 Dennis Woodford 博士于 1976 年在曼尼托巴水电局开发完成。PSCAD（Power System Computer Aided Design）是 EMTDC 的前处理程序，用户在面板上可以构造电气连接图，输入各元件的参数值，运行时则通过 FORTRAN 编译器进行编译、连接，运行的结果可以随着程序运行的进度在 PLOT 中实时生成曲线，以检验运算结果是否合理，并能与 MATLAB 接口。

PSCAD/EMTDC 采用时域分析求解完整的电力系统及微分方程（包括电磁和机电两

个系统），结果非常精确。更值得一提的是，它允许用户在一个完备的图形环境下灵活地建立电路模型，进行仿真分析，用户在仿真的同时，可以改变控制参数，从而直观地看到各种测量结果和参数曲线，极大地方便用户提高仿真的乐趣和效率。PSCAD 里面提供丰富的元件库，从简单的无源元件到复杂的控制模块，再到电机、FACTS 装置、电缆线路等模型都有涵盖。如果这些还不能满足使用，PSCAD 允许用户自定义的方式全新定义一个模块；新模块可以由元件库里提供的模块组合形成，当然也可用 FORTRAIN 写一个模块，但前提是可以正确运行。PSCAD 自带的范例对于初学者来说，也是非常有用的，包括了各种典型的研究对象，初学者可以从这些典型模型上修改开始，直至发展成为自己想要的研究对象。

1.4.2　PSCAD 仿真常用模块简介

配电网仿真中较常用到的模块子库主要有 Passive（无源元件，如电阻、电感与电容）、Sources（电压源与电流源）、Meters（测量表计）、I/O Device（输入输出元件）、Transformers（变压器及互感器）、Breakers_Faults（断路器、隔离开关、故障设置）、Transmission lines（T lines，输电线路）、Cables（电缆）、PI Sections（PI 型等值元件，模拟等值输电线路）、Imports_Exports_Lables（输入端口、输出端口及标签）等。在配电网仿真中用到的模块主要有：

（1）三相电压源模块（Three Phase Voltage Source Model）。位于电压源与电流源（Sources）中，主要功能为提供三相交流电压，在仿真中，主要用于电源模拟。

（2）母线模块（Wire）。位于无源元件（Passive）中，主要功能为在仿真中，用于母线模拟。

（3）万用表模块（Multimeter）。位于测量元件（Meters）中，主要功能为测量电压电流，在仿真中，主要用于测量。

（4）三相断路器模块（Three Phase Breaker）。位于断路器与故障（Breakers&Faults）中，主要功能为模拟断路器，在仿真中，主要用于断路器模拟。

（5）数据信号标签（Data Signal Label）。位于输入端口，输出端口和标签（Imports，Exports&Labels）中，主要功能为参数获取，在仿真中，主要用于信号输出。

（6）输出通道（Output Channel）。位于输入输出设备（I/O Devices）中，主要功能为参数输出，在仿真中，主要用于信号输出。

（7）三相故障模块（Three Phase Fault）。位于断路器与故障（Breakers&Faults）中，主要功能为设置故障，在仿真中，主要用于故障模拟。

（8）旋转开关（Rotary Switch）。位于输入输出设备（I/O Devices）中，主要功能为输入断路器位置信号，在仿真中，主要用于状态选择。

（9）时间故障逻辑（Timed Fault Logic）。位于断路器与故障（Breakers&Faults）中，主要功能为设置故障时间，在仿真中，主要用于控制故障时间。

1.4.3　仿真示例

本书将提供一个简单 10kV 单侧电源供电系统的模型，模拟馈线上或所接配电变压器发生的各种故障，并简要介绍观察、记录、分析电气量的各种方法。

1. 基本界面及文件建立

安装 PSCAD 专业版软件并启动后，基本主界面如图 1-15 所示，版本不同，界面也有所区别，但其要素基本类似。主要包括标题栏、主菜单、工具栏、工作空间窗口、输出窗口等。图中的模型窗口实际上是 PSCAD 的最底层界面，主要用于组建仿真模型；Work Space 为工程显示窗口，在该窗口中找到新建或打开的工程及"master（Master Library）"元件库；Output 为信息显示窗口。编译出错的信息在该窗口中显示。

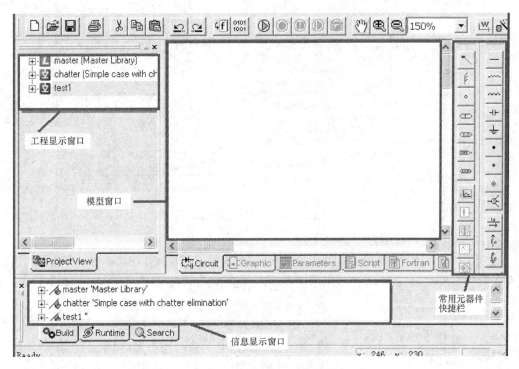

图 1 - 15　PSCAD 基本主界面

　　点击界面左上角的"New"图标，或在菜单项"File"上点击鼠标左键，出现下拉菜单。通过鼠标指针，选择"New"。子菜单打开并列出三个选择：New Project，New Library 和 New Workspace。单击"New Project"后，出现"Create New Project"对话框，用于新建一个工程，注意建立工程名称时，尽可能用英文加数字符号的形式，以免软件识读出错。如建立一个新的工程名为："faultca10kVsimple"，点击"OK"完成新建后，会在工作空间窗口看到新建的工程。

　　建立工程后，就可在其中搭建电路模型了。PSCAD 的工程显示窗口中可以同时显示多个工程，但是，只有一个工程处于激活状态。只有处于激活状态的工程模型才可以进行仿真，其他工程的模型即使按仿真运行的按钮也不会动作。工程的激活状态可以更改。直接在相应工程的图标上进行鼠标右击，选择"Set as Active"即可。

　　在 PACAD 中，所有的元件放在"master（Master Library）"当中，在工程窗口的"master"双击鼠标左键，工程即可进入元件库，如图 1 - 16 所示。

　　选择元件：双击相应的元件类型，找到需要的元件后，在元件符号上点击鼠标左键，元件变成闪烁状态，用键盘上 Ctrl＋C 或鼠标右击，选择 Copy，就将该元件复制。然后，双击所建立的新工程图标，在该工程窗口空白处用键盘 Ctrl＋V 或右击选择 Paste，就将刚选择的元件模型放置在工程中了。通常一边选元件，一边进行连接。要删除一个元件，左击鼠

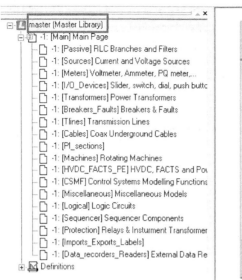
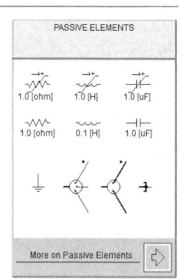

图 1-16   PSCAD 元件库

标，待其闪烁状态，按键盘上 Delete 键。

　　常用元件放在主界面右边，如图 1-17 所示，可直接点击快捷按钮来选择，方法是左击需要选择的元件，再在"工程"空白处鼠标左点一下。选中的元件按"R"或"L"键旋转。

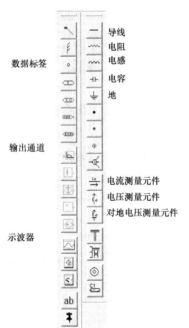

图 1-17   快捷栏中的常用元件

2. 系统构建

　　在 Master Library 中分别寻找三相电压源（Three Phase Voltage Source Model），万用表（Multimeter）、互感耦合线路［Mutually Coupled Wires（Three Lines）］、故障设置（Three-Phase Fault）、在线频率扫描（傅里叶变换）［On-Line Frequency Scanner（FFT）］等模块，选中并复制，粘贴到新建的工程"faultca10kVsimple"的主界面中，如图 1-18 上部元件所示。

　　接着，在窗口右侧的控制工具条"Control Palette"中，选择"Data Lable""Data Tap""Output Channel"，拖入界面中，并通过双击修改变量名称。如图 1-18 中部所示，万用表所输出的电流量值"I"（如果设置见后续参数设置部分）是三相量，相当于一个三列的矩阵，"Data Tap"相当于"数据抽头"，将"I"拆分为"Ia""Ib""Ic"三个一维变量，每个参数只相当于矩阵中的一列，便于后续的 FFT 处理。

3. 参数设置

　　（1）电源参数。电源参数的选择如图 1-19 所示。具体说明如下：

　　1）图 1-19（a）为电源输入参数的总体设置（Configuration）界面。

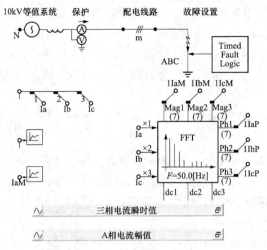

图 1-18 一次系统模型

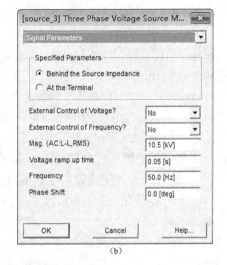

(a)   (b)

(c)

图 1-19 电源参数设置

（a）电源输入参数的总体设置界面；（b）电源信号参数的具体设置界面；（c）电感值设置

a. "Source Name"指本电源名称，本例命名为"Source 1"，注意设置时采用英文，且字母在前，以免编译出错。

b. "Source Impedance Type"为电源阻抗类型，本例选"Inductive"，代表"纯电感"。

c. "Is the star point grounded?"为电源中性点是否接地，本例选择"No"，代表中性点不接地运行。

d. "Graphics Display"为在图中显示的类型，本例选择"Single line view"，代表"单相显示"。

2）图 1-19（b）为电源信号参数的具体设置（Signal Parameters）界面。

a. "Specified Parameters"为指定参数，本例选择"Behind the Source Impedance"，代表电压源位于电压等值阻抗之后，也可以理解为本电压是一个理想电压源和一个等值阻抗串联结合体。

b. "External Control of Voltage?"为是否外部控制电压，本例选择"No"，代表内部控制。

c. "External Control of Frequency?"为是否外部控制频率，本例选择"No"，内部控制。

d. "Mag.（AC：L-L，RMS）"为电源线电压，本例选择 10.5kV 线电压。

e. "Voltage ramp up time"为电压上升时间，本例选择 0.05s。

f. "Frequency"为电压频率，本例选择 50Hz。

g. "Phase Shift"为电压初相位，本例选择 0°。

3）图 1-17（c）为电源电感值设置（Inductance），电感值设置为 0.004721H。

（2）万用表（保护测量）参数。万用表参数设置如图 1-20 所示。具体说明如下：

1）图 1-20（a）为万用表输入参数的总体设置（Configuration）界面。

a. 其中 "Measure Instantaneous Current ?"为是否测量瞬时电流，本例选择"Yes"，代表测量瞬时电流。

b. "Measure Instantaneous Voltage ?"为是否测量瞬时电压，本例选择"No"，代表不测量瞬时电压。

c. "Measure Active Power flow ?"为是否测量有功潮流，本例选择"No"，代表不测量有功潮流。

d. "Measure Reactive Power flow ?"为是否测量无功潮流，本例选择"No"，代表不测量无功潮流。

e. "Measure RMS voltage ?"为是否测量电压有效值，本例选择"No"，代表不测量电压有效值。

f. "Measure Phase Angle"为是否测量相位角，本例选择"No"，代表不测量相位角。

g. "Base MVA for per unitizing"为计算容量标幺值的基准值，默认为 1MVA；"Base voltage for per unitizing"为计算电压标幺值的基准值，默认为 1kV；"Smoothing Time Constant"为平滑时间常数，默认为 0.02s；"Frequency"为测量基准频率，默认为 60Hz；"Animated Display?"为是否显示动画，默认为"No"代表否。由于只测量电流瞬时值，所以这些参数都不用设置。

2）图 1-20（b）为数据的变量名设置（Signal Name）界面。

a. "Instantaneous Current" 为输出测量瞬时电流的变量名，本例设置为 "I"。

b. "Instantaneous Voltage" 为输出测量瞬时电压的变量名，"Active Power" 为输出有功功率的变量名，"Reactive Power" 为输出无功功率的变量名，"RMS voltage" 为输出测量电压有效值变量名，"Phase Angle" 为输出测量相位角的变量名，由于这几个变量不需要测量，所以不用设置。

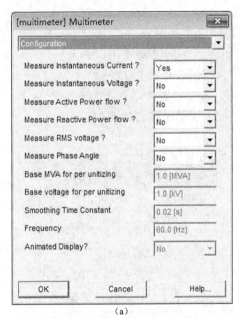
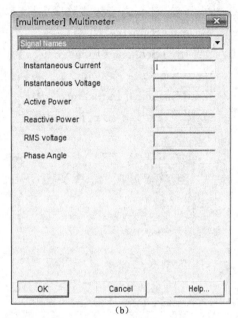

(a)　　　　　　　　　　　　　　　(b)

图 1 - 20　万用表参数设置

(a) 万用表输入参数的总体设置界面；(b) 数据的变量名设置界面

(3) 线路参数。线路参数设置如图 1 - 21 所示。具体说明如下：

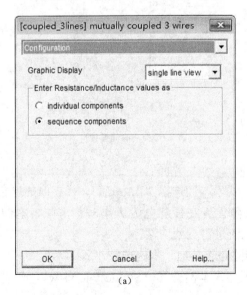
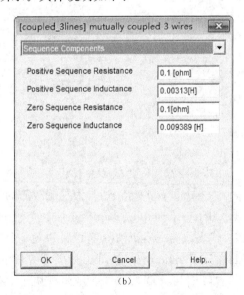

(a)　　　　　　　　　　　　　　　(b)

图 1 - 21　线路参数设置

(a) 互相耦合的三相线路参数的总体设置界面；(b) 三相线路序分量线路参数值界面

1) 图1-21（a）为互相耦合的三相线路参数的总体设置（Configuration）界面。

a. "Graphic Display"为线路显示模式，本例选择"Single line view"，代表单线路显示。

b. "Enter Resistance/Inductance values as"为线路电感和电阻的输入方式，本例选择"Sequence Components"，代表电感和电阻分正序分量和零序分量输入。

2) 图1-21（b）为三相线路序分量参数值（Sequence Components）界面。

a. "Positive Sequence Resistance"为正序电阻，本例设置为0.1Ω。

b. "Positive Sequence Inductance"为正序电感，本例设置为0.00313H。

c. "Zero Sequence Resistance"为零序电阻，本例设置为0.1Ω。

d. "Zero Sequence Inductance"为零序电感，本例设置为0.009389H。

（4）故障设置。故障形式与时间设置如图1-22所示。具体说明如下：

 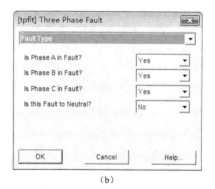

（a）   （b）

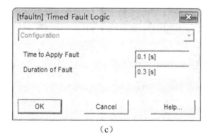

（c）

图1-22　故障形式与时间设置

（a）故障总体设置界面；（b）故障类型设置；（c）故障控制时间设置

1) 图1-22（a）为故障总体设置（Configuration）界面。

a. "Fault Type Control"为控制故障的形式，本例选择"Internal"，代表内部控制。

b. "Clear possible at any current?"为故障能否在任意电流大小时刻清除，本例选择"No"，代表只能在发出清除信号后的下一个电流过零点处切除。

c. "Is the Neutral Grounded?"为故障回路是否接地，本例选择"Yes"，代表接地。

d. "Graphics Display"为故障模块显示类型，本例选择"Single line view"，代表单线模式显示。

e. "Current chopping limit"为开断电流限制，本例选择0kA。

2) 图 1-22 (b) 为故障类型设置 (Fault Type)。

a. "Is Phase A in Fault?" 为是否 A 相发生故障，本例选择 "Yes"，代表 A 相故障。

b. "Is Phase B in Fault?" 为是否 B 相发生故障，本例选择 "Yes"，代表 B 相故障。

c. "Is Phase C in Fault?" 为是否 C 相发生故障，本例选择 "Yes"，代表 C 相故障。

d. "Is this Fault to Neutral?" 为是否故障接地，本例选择 "No"，代表故障不接地。

3) 图 1-22 (c) 为故障控制时间设置 (Timed Fault Logic)。

a. "Time to Apply Fault" 为故障开始时间，本例选择 0.1s。

b. "Duration of Fault" 为故障持续时间，本例选择 0.3s。

（5）FFT 设置。快速傅里叶变换 (FFT) 设置如图 1-23。具体说明如下：

a. "Type" 为元件类型，本例选择 "3 Phase" 代表三相分解。

b. "Number of Harmonics" 代表输出谐波的最大次数，本例选择 7 次。

c. "Base frequency" 为输入信号的基波频率，本例选择 50Hz。

d. "Magnitude Output:" 为输出幅度的形式，本例选择 "RMS" 代表有效值。

e. "Phase Output Units:" 为输出相位的形式，本例选择 "Degrees" 代表选择以度为输出相位。

f. "Phase Output reference" 为相位输出参考，本例选择 "Cosine wave" 代表用余弦作为输出参考。

g. "Anti-aliasing filter?" 为是否选择抗混叠滤波器，本例选择 "Yes" 代表启用该滤波器。

h. "Frequency tracking?" 为是否激活频率追踪器，本例选择 "No" 代表不激活。

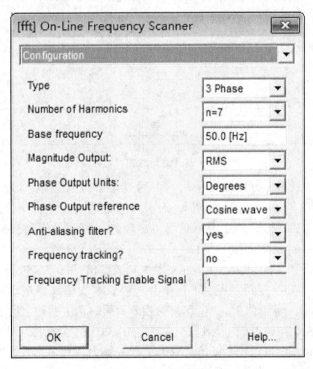

图 1-23　FFT 设置

（6）故障仿真。在主界面中右击鼠标，选择"Project Setting"中 Runtime，设置仿真时间（Duration of run）为 0.5s，仿真运算时间间隔（Solution time step）为 50 μs，为默认值。波形图的采样时间间隔（Channel plot step）为 250 μs，为默认值，如图 1 - 24 所示。

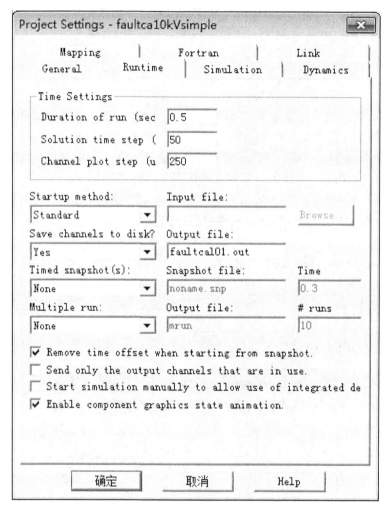

图 1-24 运行时间设置界面

参数设置完毕、变量名称修改完毕后，可通过菜单进入编译（Compile All）及代码生成（Make）及运行（Run）环节，如图 1 - 25 所示，也可在工具栏中找到相应的按钮。如果编译出错，程序将无法运行，并在主窗口下方出现红色警示及提示 message。改正错误后，主窗口下方提示 message 为绿色。

（7）电气量的观察。在 Master Library 中找到数据信号标签（Data Signal Label）、输出通道（Output Channel），复制到当前工程中并连接，本次仿真只观察三相电流瞬时值 I 及 A 相电流基波（50Hz）量幅值 I_{aM}，注意，三相电流瞬时值 I 的输出通道（Output Channel）输出的是三维量，A 相电流基波（50Hz）量幅值 I_{aM} 对应的输出通道对应的是一维量，借助于输出通道（Output Channel）可将仿真数据记录并输出，具体见后续的"（8）电气量的输入与输出"。选择 Graphs/Meters/Controls，Add Overlay Graph with Signal，出现相应的波形显示窗口。如图 1 - 26 所示。程序运行后，将显示三相电流瞬时值（图中通过选择只显示

图 1-25　仿真启动方式

出了 A 相电流值）及 A 相电流的幅值。

（8）电气量的输入与输出。在模型空白处右击 "Project Setting" 主界面中的 "save channels to disk" 的勾选为 Yes，此时模型运行完毕后会自动保存所有数据通道的数据，如图 1-24 中，本例中文件名定义为 "faultcal01. out"。数据保存目录为模型文件所在目录，生成一个与模型文件名相同文件夹。打开文件夹，可看到一个 faultcal01. inf 文件，该文件相当于头文件，定义了各输出通道数据名称统计，如图 1-27 所示。值得注意的是，如果只需要分析处理部分电气量值，可在主界面中删除不需要输出的数据通道。

另一个（或多个）后缀为 out 的文件为数据文件，如图 1-28 所示。可用 Excel 打开。注意文件中，数据本应输出为 4 列，所见为 5 列的原因是第 1 列为仿真采样时刻，波形图的采样时间间隔（Channel plot step）为 250 μs，可在图中看到时间间隔与设置是吻合的，那么仿真时间为 0.5s，因此采样总点数为 2001 个点，相当于每周期采样 40 个点，加上 0s 时间点，共 2001 个点。

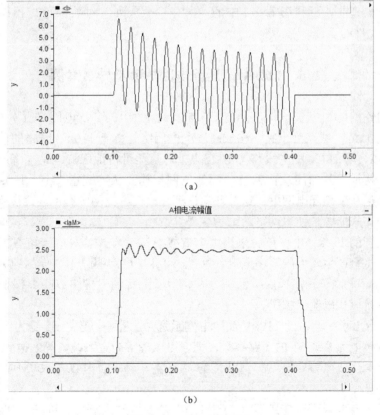

图 1-26　参数信号输出

(a) 三相电流瞬时值；(b) A 相电流有效值

图 1-27　输出通道信息（inf）文件示例

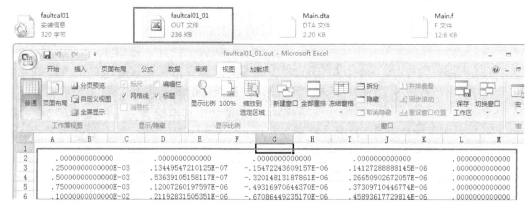

图 1-28　输出通道数据（out）文件示例

注意后续处理前，可利用 Excel 中的"数据""分列"对数据进行预期的处理。便于 MATLAB 等文件的识读。

1.5　110kV 高压配电网故障及异常案例

本节所讨论的 110kV 高压配电网与 1.1 节所讨论的 10kV 配电网有所不同。目前许多城市（镇）采用 110kV 线路为支路，构成高压配电网络。由于 110kV 线路的传输能力可达到 100～200MVA，是 10kV 配电线路的 10 倍以上，从而可将地区变电站与降压变电站有机地连接在一起，构成高效的能量传输与分配的电网架构。从传统意义上，110kV 电网是单侧电源为主的，但在新型配电网上，这种现象逐渐在改变，电网中有可能会接入小型的发电厂或较大型的分布式能源，使得网络的结构变得复杂。

目前，我国的 110kV 电网广泛采用大电流接地运行方式，对应于该方式，当发生单相接地故障时，将会产生较大的零序电流，这是与 10kV 电网明显不一样的地方。从保护的角度，虽然 110kV 电网仍采用远后备保护方式，但所配置的保护多以距离保护与零序保护为主，而不再是阶段式电流保护了。

图 1-29 示出了一典型的 110kV 简单电网示意图。图中，S1、S2 是为 110kV 等效电力系统，其中等效电力系统 S1 的短路容量较大，可以理解为主系统，等效电力系统 S2 可以被理解为小型火电厂或风力发电站等清洁能源（安装容量一般为 20～100MW），相应的短路容量较小一些。

甲变电站内有两台降压变压器（T1、T2），乙变电站内有两台降压变压器（T3、T4），其低压侧采用单母线分段接线，为简略，图中未画出。正常运行时主变压器低压侧采用分列运行，某些特殊情况下采用并列运行。BC 线路为双回线路，AB、BD 为单回线路。

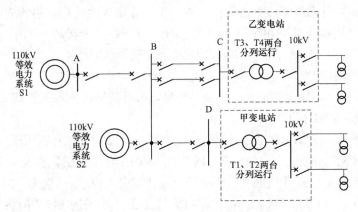

图 1-29　110kV 简单电网示意图

110kV 电网故障主要有相间短路、单相接地、两相接地、断线、母线故障，异常主要有过负荷、主变压器励磁涌流等。以下借助于图 1-29，对部分典型案例进行说明。

1.5.1　单相接地

某年某月某日，某 110kV 线路（对应于图 1-29 中的 BD 线路）A 相发生永久性接地故障。BD 线路接地距离Ⅰ段、零序Ⅰ段保护跳闸，重合不成功。同时 110kV 变电站 1 号、2 号主变压器零序电压保护同时动作，跳开 1 号、2 号主变压器的各侧开关及与之相连小型地方热电厂的 10kV 并网线Ⅰ、Ⅱ线开关。使 110kV 变电站 10kV Ⅰ、Ⅱ母线同时停电、地方热电厂与系统解列运行。

按常规思路，线路上发生永久性故障后，保护动作跳开故障线路，与所接变压器关联并不大。而在本例中，在线路 BD 发生单相接地后，虽然保护跳闸，但由于另一侧存在一个小电源，同时等效电力系统中主变压器不接地导致出现零序电压，零序电压保护动作，使得热电厂与系统解列，因此可见，在 110kV 系统中，产生接地故障后，系统的零序网络是决定零序电流和零序电压的分布及流向的重要原因，同时，由于 110kV 系统中各变压器中性点接地方式的不同、接地时过渡电阻的不同等都将会对分析结果造成影响。

1.5.2　单相经过渡电阻接地

某年某月某日，由于现场监管人员的疏忽，使得某施工单位在施工时，误碰到正在运行的 110kV 线路（对应于图 1-29 中的 AB 线路），造成该线路 C 相对吊车臂放电，形成了单相接地故障，线路 AB 两侧接地距离保护动作、零序电流保护动作，重合不成功。

该故障为典型的经过渡电阻单相接地，除了这个事例，还是有很多情况均会让线路出现单相接地故障，雷雨大风天气也会导致因为树枝或其他因素导致的接地故障。接地电阻大多与接地介质、气候、土壤性质有关，同时变化是较大的。

由于过渡电阻的存在会导致距离保护的阻抗继电器无法正确地测量，从而导致无法正确动作，导致保护的误动或拒动。接地电阻也将改变接地零序电流的大小，导致保护拒动。

1.5.3　断线故障

某年某月某日，某 110kV 线路（对应于图 1-29 中的 BC 线路双回线）零序Ⅳ段保护动作，导致 110kV 电站与主网络解列，保护的动作行为从故障 0s 起：经 3164ms，110kV 线Ⅰ回线零序Ⅳ段保护动作。经 5245ms，重合闸动作成功。经 8332ms，Ⅰ回线零序Ⅳ段保护动作。经 8053ms，Ⅱ回线零序Ⅳ段保护动作。Ⅰ、Ⅱ回线跳闸后，经检查 110kV Ⅰ回线 C相电压为 0V，经巡线证实 110kV Ⅰ回线 C 相发展性断线（未接地）。

单相断线是纵向不对称故障，单相断线常常由于导线断线而发生，同时由于 110kV 电力线路存在使用单相断路器的情况，或开关在合闸过程中，三相触头没有同时接通。电力系统在出现单相断线后，都会产生零序和负序分量，有可能造成继电保护装置动作。

1.5.4　变压器近区故障

某年某月某日，某 110kV 主变压器（对应于图 1-29 中的主变压器 T3）发出差动保护跳闸信号、重瓦斯跳闸信号、主变压器两侧开关跳闸，变压器停运。通过查询故障录波信息，发现降压变压器低压侧 10kV 出线出口处曾连续发生三次 BC 相短路故障。每次故障电流约 11kA，持续时间约 70ms，即当天该变压器低压侧 BC 相间发生了 3 次近区短路冲击。

通过对故障过程进行分析，综合各项试验结果及保护动作情况，可以断定变压器在近距离短路冲击后，内部发生了瞬时的高能量电弧放电，固体绝缘受到一定程度的损伤，在重复多次放电后，最终导致主绝缘破坏近区绕组短路烧损。这是一起较为严重的变压器近区故障导致 C 相绕组烧毁的故障，从馈线故障转化为变压器内部故障的实例。

统计数据表明，国产变压器遭受外部近区短路冲击导致绕组损坏事故的发生率很高，变压器抗短路能力不强是造成变压器损坏的主要原因，而近区短路是诱发变压器短路损坏事故的首要原因。因此，深入研究变压器受近区短路冲击后的运行状态及其试验分析，对于降低变压器损坏率，减少停电损失，延长变压器使用寿命，确保电网安全运行具有重要意义。

1.6　110kV 配电网故障电气量分析示例

110kV 配电网故障电气量分析的重点应放在零序电流电压的计算方面。因为保护配置的原因，110kV 配电网并不配置反应相间短路的过电流保护。因此，在继电保护故障电气量分析过程中，更侧重于零序电气量分析。以 110kV 系统 B 母线处发生单相接地为例，说明故障点处三倍零序电流与保护安装处零序电流计算过程。

1.6.1　阻抗计算

阻抗计算的部分结果如表 1-2 所示。注意，本节阻抗未用"Z"，均以"X"表示，即各元件参数均以纯电抗进行计算，不再计算各元件电阻值。基准容量是 100MVA。

表 1-2　　　　　　　　　　　　　　阻抗计算的部分结果

名　　称	标号	标幺值计算结果
系统 S1 最大运行方式正序阻抗	$X_{S1.min.1}$	0.110
系统 S1 最大运行方式零序阻抗	$X_{S1.min.0}$	0.310
系统 S1 最小运行方式正序阻抗	$X_{S1.max.1}$	0.160
系统 S1 最小运行方式零序阻抗	$X_{S1.max.0}$	0.350
系统 S2 最大运行方式正序阻抗	$X_{S2.min.1}$	0.330
系统 S2 最大运行方式零序阻抗	$X_{S2.min.0}$	0.930

名　　称	标号	标幺值计算结果
系统 S2 最小运行方式正序阻抗	$X_{S2.max.1}$	0.480
系统 S2 最小运行方式零序阻抗	$X_{S2.max.0}$	1.050
线路 AB 正序阻抗	$X_{AB.1}$	0.076
线路 AB 零序阻抗	$X_{AB.0}$	0.227

1.6.2　网络化简与电流计算

B 点单相接地对应的复合序网图如图 1-30 所示。结合图 1-29 可见，对于本例，S1、S2 为中性点接地系统，其零序阻抗必须考虑在内，而对于系统中的所有变压器均为降压变压器，其 110kV 侧虽有中性点，但按运行要求，按都不接地考虑，且本例中，各变压器的低压侧均按无电源考虑。作为示例，本次只计算最大运行方式下短路的情况。正序阻抗与负序阻抗相等。

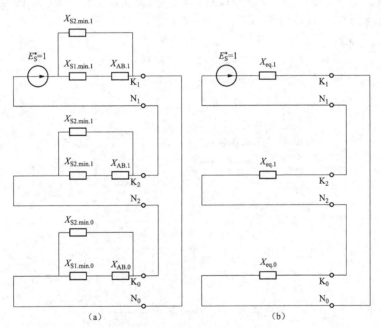

图 1-30　B 点单相接地复合序网图

(a) 等值复合序网图；(b) 对应的复合序网化简图

得到等值复合序网后，可获得相应的等值阻抗。等值正序阻抗为

$$X_{eq.1} = (X_{S1.min.1} + X_{AB.1}) // X_{S2.min.1} = 0.119$$

等值零序阻抗为

$$X_{eq.0} = (X_{S1.min.0} + X_{AB.0}) // X_{S2.min.0} = 0.340$$

根据等值阻抗，可计算故障点等值三值零序电流标幺值为

$$3I_{B.0}^* = \frac{3}{2X_{eq.1} + X_{eq.0}} = 5.187$$

根据等值阻抗，可计算故障点等值三值零序电流有名值为

$$3I_{B.0} = 5.187 \times 0.502 = 2.604 (kA)$$

根据零序网络，AB 线路所分得的三倍零序电流值为 1.651kA。

1.7　基于 PSCAD 软件的 110kV 系统故障仿真

基于PSCAD软件110kV
高压配电网故障仿真

PSCAD 仿真软件简介及主要元件的说明已在 1.4 节中给出。本节主要结合图 1-29 及 1.6 节中对于 B 母线处 A 相接地故障的分析，进行 110kV 系统故障仿真的简要说明。在建立仿真模型时，去除了原图中的 BC、BD 线路及所有的断路器、变压器等。万用表设置、故障类型与故障时刻设置、数据输出、FFT 等设置与 10kV 仿真类似，本节不再重复说明。

1.7.1　参数设置

（1）电源参数。电压源 S1 参数的设置如图 1-31 所示。电压源 S2 的设置与 S1 类似，只是元件名称改为 S2。具体说明如下。

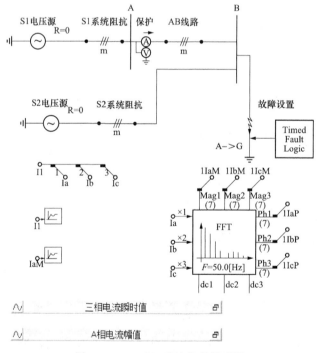

图 1-31　110kV 系统仿真模型图

1）图 1-32（a）为电压源参数的总体设置（Configuration）界面。

a.“Source Name”是指本电压源名称，本例中起为“Source 1”，注意设置时采用英文，且字母在前，以免编译出错。

b.“Source Impedance Type”为电源阻抗类型，本例选为“Ideal（R=0）”，代表电阻为 0。

c.“Is the star point grounded?”是指电源中性点是否接地，本例选“Yes”，代表接地。

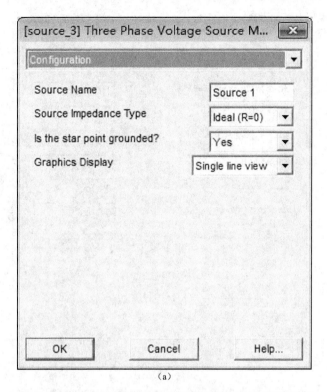

(a)

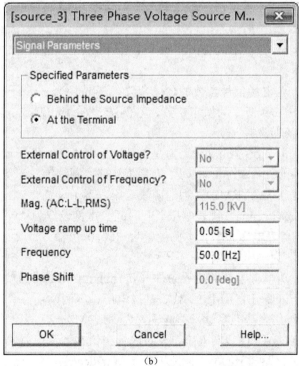

(b)

图 1-32   电源参数设置示例（一）

（a）电压源参数的总体设置（Configuration）界面；（b）电源信号参数的具体参数（Signal Parameters）界面

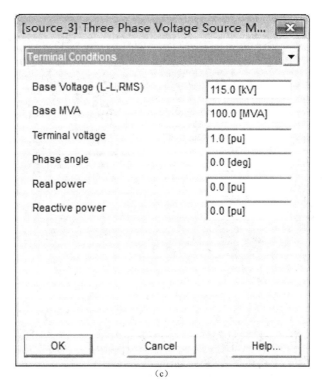

(c)

图 1-32　电源参数设置示例（二）

(c) 电源参数的边界条件

d. "Graphics Display" 为图形显示类型，包括单相和三相显示，本例选为 "Single line view"，代表单相显示。

2) 图 1-32（b）为电源信号参数的具体参数（Signal Parameters）界面。

a. "Specified Parameters" 为指定参数，本例选 "At the Terminal"，代表参数在知道电源输出端的稳态潮流时选择。

b. "External Control of Voltage?" 为是否外部控制电压，不予设置。

c. "External Control of Frequency?" 为是否外部控制频率，不予设置。

d. "Mag.（AC：L-L，RMS）" 为电源线电压，不予设置。

e. "Voltage ramp up time" 代表电压上升时间，本例设置为 "0.05s"。

f. "Frequency" 代表电压频率，本例设置为 "50.0Hz"。

g. "Phase Shift" 为电压初相位，不予设置。

3) 图 1-32（c）为电源参数的边界条件（Terminal Conditions）。

a. "Base Voltage（L-L，RMS）" 代表基准电压，本例设置为 "115.0kV"。

b. "Base MVA" 代表基准容量，本例设置为 "100MVA"。

c. "Terminal voltage" 代表端电压，其对应标幺值本例设置为 "1"。

d. "Phase angle" 代表相位角，本例设置为 "0.0deg"。

e. "Real power" 代表有功功率，本例设置为 "0.0"。

f. "Reactive power" 代表无功功率，本例设置为 "0.0"。

（2）线路参数。与 10kV 仿真模型类似，本仿真中，也采用考虑互感的三相线路，这种模型，便于设置正序阻抗与零序阻抗。具体说明如下。

1）图 1-33（a）为互相耦合的三相线路参数的总体设置（Configuration）界面。

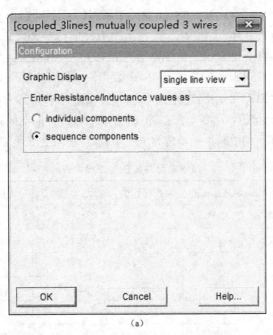

(a)

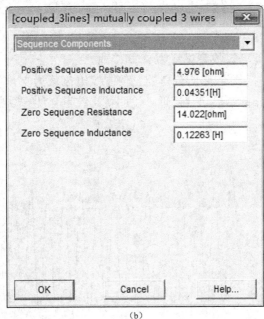

(b)

图 1-33 阻抗参数设置示例

（a）互相耦合的三相线路参数的总体设置（Configuration）界面；（b）三相线路序分量参数值（Sequence Components）界面

a.“Graphics Display”为图形显示类型，本例选为“Single line view”，代表显示单线路显示。

b.“Enter Resistance/Inductance values as”为电阻或电感值的输入方式，本例选为

"Sequence Components"，代表作为序分量输入。

2）图 1-33（b）为三相线路序分量参数值（Sequence Components）界面。

a."Positive Sequence Resistance" 代表正序电阻值，本例设置为"4.976Ω"。

b."Positive Sequence Inductance" 代表正序电感值，本例设置为"0.04351H"。

c."Zero Sequence Resistance" 代表零序电阻值，本例设置为"14.022Ω"。

d."Zero Sequence Inductance" 代表零序电感值，本例设置为"0.12263H"。

本例只对最大运行方式下的短路进行仿真，因此其阻抗参数设置见表 1-3。根据上节计算所得阻抗标幺值，计算出阻抗值，再根据阻抗角 70°，求出各元件的电阻值与电抗值，再根据电抗值求出对应于 50Hz 频率下的电感值，单位为 H（亨利），输出至仿真模型的参数框中。

表 1-3　　　　　　　　　带互感元件阻抗参数设置表

名　称	阻抗标幺值	阻抗有名值	电阻有名值（Ω）	电抗有名值（Ω）	对应电感值（H）
系统 S1 最大运行方式正序阻抗	0.11	14.548	4.976	13.670	0.04351
系统 S1 最大运行方式零序阻抗	0.31	40.998	14.022	38.525	0.12263
系统 S2 最大运行方式正序阻抗	0.33	43.643	14.927	41.011	0.13054
系统 S2 最大运行方式零序阻抗	0.93	122.993	42.066	115.575	0.36789
线路 AB 正序阻抗	0.076	10.051	3.438	9.445	0.03006
线路 AB 零序阻抗	0.227	30.021	10.268	28.210	0.08980

1.7.2　故障仿真结果

短路故障设置 B 母线处，故障设置为 A 相接地。

上节故障分析给出的 AB 线路所分得的三倍零序电流值为 1.651kA，观察图 1-34（b）可见，仿真结果与故障分析结果非常接近。说明仿真结果与计算数据基本吻合。

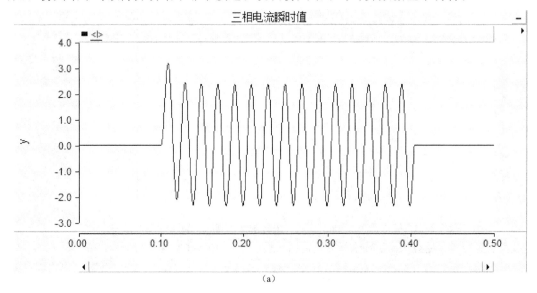

图 1-34　故障仿真结果示例（一）

（a）三相电流瞬时值

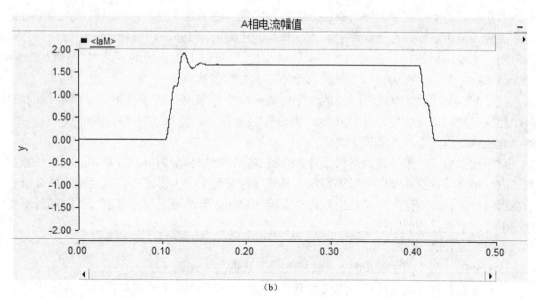

图 1-34 故障仿真结果示例（二）

（b）A 相电流幅值

如想获得图示仿真波形中的数据的具体值，可在仿真时选择保存 OUT 文件，在 MAT-LAB 的 import date 中导入 OUT 文件，并进行相应的数据处理，从而实现计算结果与仿真结果的比对。

读者可根据需要，对于该模型加以扩充，如仿真 BC 线路故障时，可在模型中添加线路 BC，并输入相应的参数。注意故障点最好只保留一处，以免编译出错。如需要仿真 C 母线故障，可将故障点移至 C 母线处。

1.8　故障分析具体任务

1.8.1　10kV 配电系统

本书主要根据图 1-1 所示 10kV 所示配电系统，设置相应的故障分析任务。故障分析任务可以是纯粹的短路计算，也可以是短路计算与仿真的结合。

故障分析的主要步骤是：①参数计算；②各序网络的建立与化简；③复合序网与短路电气量的计算；④对于电气量的分析。

仿真计算的主要步骤是：①仿真模型建立与参数设置；②仿真与电气量的采集与显示；③对于电气量的分析。

（1）母线或馈电线路故障。在 1.1 节中所述"带负荷拉隔离开关的恶性误操作事故案例"就属于母线故障，主要包括母线及连接在母线上的电压互感器、避雷器、母线隔离开关等故障，以及连接在母线上的各元件的断路器、电流互感器的故障也反应为母线故障。母线故障相对于输电线路、故障概率较小，多为永久性故障。

馈电线路故障主要指 10kV 架空导线或电缆的故障，或避雷器、跌落保险、柱上开关附助等一次设备的故障。从故障类别可分为以下几种：①金属性相间短路；②金属性接地故障；③带有过渡电阻的相间短路；④带有过渡电阻的接地短路；⑤断线故障。

对于故障地点，指导教师可根据分组自行确定，在仿真实例中，可以看到馈线部分的示意。故障地点可选择在主干线路上，离开母线的距离可在15km内选择。先进行金属性故障的分析。主变压器的容量可在20～50MVA。110kV母线上级系统的短路容量建议在500～1000MVA中选择。在100MVA标准容量下，其标幺值为0.1～0.2。

（2）配电变压器。配电变压器故障主要指配电变压器高压接线柱损坏、引出线的故障、绕组相间、匝间短路、绕组线匝接地、调压开关接触不良造成的断相、内部放电、过负荷等。其故障类别基本可参考馈电线路。

对于故障地点，指导教师可根据分组自行确定，在仿真实例中，可看到配电变压器的示意。故障地点可选择在配电变压器高压侧及低压侧母线上，主要进行金属性短路的分析。对于绕组内部的相间短路，可等效为经过渡电阻的短路，其故障阻抗标幺值选择时尽量不要超过配电变压器正序等值阻抗的一半。

1.8.2　110kV系统

故障分析与仿真的主要步骤与10kV配电系统的基本相同。

（1）母线或馈电线路故障。线路故障主要指110kV架空导线或电缆的故障，有：①金属性相间短路；②金属性接地故障；③带有过渡电阻的相间短路；④带有过渡电阻的接地短路；⑤断线故障。

对于故障地点，指导教师可根据分组自行确定，一般只计算各母线处的故障。考虑到110kV系统多采用距离保护及零序电流保护，故障计算主要以三相短路电流计算及接地故障计算为主。

计算时需注意各变压器中性点的接地分布。要掌握根据网络结构，求得流过各保护安装处的三倍零序电流值。

（2）主变压器。主变压器故障主要指主变压器高压接线柱损坏、引出线的故障、绕组相间、匝间短路、绕组线匝接地、变压器近区故障进行转化等。

对于故障地点，指导教师可根据分组自行确定，在仿真实例中，故障地点可选择在主变压器高压侧及低压侧母线上，先进行金属性故障的分析。主变压器的容量可在20～50MVA。110kV母线上级系统的短路容量建议在500～1000MVA中选择。在100MVA标准容量下，其标幺值为0.1～0.2。

过渡电阻是一种瞬间状态的电阻。当电气设备发生相间短路或相对地短路时，短路电流从一相流到另一相，或从一相流入接地部位的途径中所通过的电阻。相间短路时，过渡电阻主要是电弧电阻。接地短路时，过渡电阻主要是杆塔及其接地电阻。一旦故障消失，过渡电阻也随之消失。故障初发瞬时的过渡电阻最小，随着时间的推移而不断加大。对于10kV相间短路，在进行手工短路计算时，其过渡电阻建立在1～10Ω中选择；绝大部分的单相接地故障是弧光接地和高阻接地，建议过渡电阻可在50～150Ω中选择。

2　线路保护综合设计

"我们就是世界，我们的问题，就是世界的问题。"

——克里希那穆提

2.1　概　　述

2.1.1　设计不同于做题

在学习"电力系统继电保护"理论课的过程中，我们曾接触过线路保护整定计算题目。这些计算题目多是以解决部分整定问题为目的，研究对象多数为某种保护的某些"段"的整定与灵敏度校验。而在课程设计与毕业设计过程中，研究对象将全变成某一个被保护对象，如一条 10kV 线路、一台配电变压器等，这样所要考虑的问题自然就多了起来。相对于那些计算题，我们要再了解掌握如电流互感器变比，线路的长度，导线线经，负荷电流，所配置保护的型号（甚至要自己选择保护型号），应选择的保护功能等。因此，在做整定计算之前应先核实以下工作是否完成：①确定保护配置及保护型号；②被保护对象的故障分析结果；③电压互感器与电流互感器变比。

在综合设计过程中，学生应能根据任务书的要求，给出电力系统中部分继电保护装置的整定方案。例如，一个 110kV 电网的继电保护整定方案，可分为相间距离保护方案、接地零序电流保护方案、重合闸方案、主变压器保护方案等。这些方案之间既有相对的独立性，又有一定的配合关系。

故障分析是整定计算的基础。对于本书涉及的 10kV 电网部分线路及设备、110kV 电网部分线路及设备的整定，需要拟定短路计算的运行方式，选择短路点、短路类型，选择分支系数的计算条件。计算电力系统各元件的阻抗标幺值，绘制电力系统阻抗图，包括正序、负序、零序三个序网。给出各元件的序阻抗值计算结果表、各短路点的序阻抗计算结果表。进行不同运行方式下的各种短路故障计算，取得相应结果表。对于 110kV 线路，主要需要计算接地故障，以获得零序电流。而对于 10kV 线路，主要需要计算相间短路故障，接地故障一般不计算。具体的方法可见上一章。

2.1.2　难写的报告书

评价设计成果的优劣，很大程度取决于报告书的内容，而纵观学生的报告书，其最大的弊病在于文字的枯竭，建议成功的报告书应充实内容如下。

1. 整定思路

目前，各级电网的保护典型配置方案都已基本确定，如 110kV 线路一般配置距离保护和零序保护，而 10kV 线路一般只配置阶段式电流保护等，因此在设计过程中，保护的配置已成定论，许多学生会觉得无话可说。实际工作中，还必须按照具体电力系统的参数和运行要求，通过分析计算得出保护的具体配置方案及针对于某种具体保护装置的实际整定值，从而使某一区域电力系统在发生故障时，相应的继电保护装置按各自的整定值，进行协调的动作，有效地发挥继电保护装置功能。就像一条河流，从上游到下游装有多个大坝，每个坝的高度都应设计为某个合理的值，这样才能在洪水来临时，充分发挥水利工程的功效。由此可见，对于继电保护整定方法加以系统地掌握是非常有必要的。

设计报告中，应写出被保护对象配置保护的名称，保护核心原理的总结性语句。同时，写出目前被保护对象暂不配置保护的名称及原因。如某 10kV 线路，配置有常见的数字式保护测控一体化装置，选择的保护名称是"过电流Ⅰ段"与"过电流Ⅲ段"。Ⅰ段对应电流速断保护，Ⅲ段对应过电流保护。报告中可以写几个为什么：①为什么只配置有Ⅰ段，Ⅲ段，而Ⅱ段并不配置？②Ⅰ段与Ⅲ段要不要带低电压、负序电压闭锁，为什么？③要不要带反时限功能，为什么？④零序Ⅰ、Ⅱ、Ⅲ段为什么不设置？⑤重合闸为什么采用三相一次方式？⑥重合闸要不要带检无压与检同期功能？⑦其他你能想到的内容。

行成于思，整定的"思路"，本是一种发散性的思维方式，有助于我们从本质上理解保护原理，只有深思熟虑找到整定重点，才能成竹在胸，有的放矢。

2. 整定过程及要素的说明

此段最易写成流水账，以冗长，繁杂的公式及计算值充斥于报告书中。对于计算过程的说明核心要素是方法与结果的说明。针对核心整定对象，此处应按动作值、动作时间、灵敏度校验的工作顺序，依次写出相应的公式。公式应编辑正确、规范。下标、编号、解释等应加以特别重视，尽可能详细的说明。如电流Ⅰ段整定时，躲过"本线路末端最大三相短路电流"，该电流应有代号，应在文中指明何处能找到这个值。而不是在此处动用故障分析手段现算。计算书或计算细节过程不能出现在说明书中，以防止杂乱。而应以计算书等附件形式呈现。

3. 整定结果

计算过程所得要的结果是离散的，片面的。在说明书建议结合实际的保护装置，说明书加已具体的设置和说明，这样与过程实际就结合起来了。现场工作人员按实际的保护装置定值单，对保护装置的参数具体定值进行"整定"（Setting），这样除了要说明整定要素结果，还要对装置的系统参数，各项整定值及控制字加以说明。

4. 小结

小结不宜长篇大论，但也不可或缺，写说明书的过程是对人耐心的一种磨炼。通过本次整定，获得的主要数据结论，虽已体现在定值单中，但还需以下内容来构成小结：①主保护是什么？后备保护是什么？所整定的保护能不能实现对保护对象的保护？②上、下级保护间的配合是如何考虑的？③保护的性能如何？有什么改进的建议？④对于后续工作的考虑及其他问题。

2.1.3　整定的基本原则

1. 运行方式

在整定计算过程中，保护整定值的确定与电网的运行方式密切相关。继电保护无论在进行短路计算、考虑最大负荷、校验保护灵敏度等都建立在一定的运行方式之上的。整定计算中选择的运行方式是否合理，将影响到系统保护整定计算的性能，也影响到保护配置及选型和对保护的评价等，因此应当特别重视对整定计算运行方式的合理选择。确定合理的运行方式是改善保护性能、充分发挥保护装置效益的关键。继电保护整定计算以常见的运行方式为依据。

　　整定计算运行方式的选择是确定系统相关元件（发电机、变压器、线路等）的运行限度（范围）和运行方式（是否接地、并列运行等），即这些设备的最大运行范围和最小运行范围通常称为最大运行方式和最小运行方式。同时也应考虑正常运行方式和其他一些可能出现的特殊运行方式，以衡量保护系统在大多数情况下的性能和保护系统的合理性和可靠性。

　　在进行短路电流整定计算、分支系数计算等情况时通常会考虑最大运行方式，而检验灵敏度则会选择最小运行方式。整定计算运行方式的选择可以理解为：①最大（最小）运行方式下，所整定系统中的发电机、变压器哪些投入运行？②所整定系统中的变压器中性点接地如何选择？③最大（最小）运行方式下，所整定系统中的哪些线路投入运行？

　　以图 1-1 为例，对于所设计的电网，110kV 降压变电站主变压器的中性点一般不接地，这样做的目的是为了限制零序电流。发电厂及变电站低压侧有电源的变压器中性点均应接地运行。对于降压变电站的主变压器，包括接于线路上的变压器，以不接地运行为宜。因此在设计中，对于 110kV 主变压器的中性点，一般都做不接地处理。这样做的目的是为了减少零序电流。

　　对于图中的双回线，在进行最大运行方式下的短路电流计算时，一般只考虑两回线同时运行，而在进行最小运行方式下的短路电流计算时，才考虑其中一条停运。如在双回线中的某一回发生接地故障，可考虑其中一回线路检修，另一回线路又遇故障的方式。

　　如发电厂只有两台机组，则其所对应的最大运行方式为两台均投入，而最小运行方式为两台均不投入。如发电厂有三台及以上机组接入系统时，最大运行方式为三台全投入，最小运行方式为容量最小的一台投入。

　　2. 流过保护安装处的短路电流

　　在进行阶段式电流保护、零序电流保护整定过程中，经常要用到"最大短路电流"；而在灵敏度检验时，又要用到"最小短路电流"。注意，这里的"短路电流"特指流过所整定的保护安装处的故障相电流或是三倍零序电流。

　　对于阶段式电流保护，如设计对象为单侧电源的辐射形网络，只要确定最大运行方式、最小运行方式，最大的三相短路电流与最小的两相短路电流就不难确定了。对于双侧电源的网路，由于在一般计算时，会假设系统的正序阻抗与负序阻抗相等，因此，本侧电源向故障点提供的电流即流过保护安装处的短路电流，与对侧电源的运行方式并无关系，可按单侧电源的方法选择。也就是说，在进行相间短路计算时，不再需要先求出故障点的总电流，再按网络结构进行分配的方法，只需直接计算出各电源到故障点的电流。如图 1-29 所示网络图中，计算 B 母线三相短路时，流过 A 母线的电流，则不需要考虑另一个电源的情况，直接按单侧电源的计算方法计算即可。

　　而在计算接地故障时的三倍零序电流时，就不能套用相间短路电流计算方法。首先，应判定故障点采用单相接地故障电流，还是采用两相接地故障电流，其判断依据是故障点的等值正序阻抗小于等值零序阻抗时，采用前者。一般而言，采用单相接地故障电流的可能性较大。其次，应注意即使是单侧电源条件下的接地故障，其零序电流的分配也不只与电源处的中性点有关，还要关注在网络中相应变压器中性点接地的情况。对于双侧电源系统，更是如此。计算时，需要根据系统的实际情况，获得正序、负序、零序等值网络，求出故障点的序电流后，再根据实际的零序网络结构进行零序电流的分配，获得流过保护安装处的三倍零序电流。

　　3. 最大负荷电流与最小负荷阻抗

　　按负荷电流整定的保护，需要考虑各种运行方式变化时出现的最大负荷电流，考虑到以下的运行变化，如备用电源自动投入引起的负荷增加、并联运行线路的减少造成的负荷转移，或对于双侧电源的线路，当单侧电源突然消失，引起另一侧负荷增加。

　　在进行整定计算设计训练时，最大负荷电流一般由教师给定。以 110kV 线路为例，说明获得该值的几种方式：

　　(1) 按本线路末端母线所接变压器的容量最大值进行估算，如在图 1-29 所示网络图中，AB 线路的最大负荷电流可按 C 母线、D 母线上所接变压器的总容量进行估算。如总容量为 120MVA，则负荷电流约为 630A。

　　(2) 按 110kV 导线的型号查表获得其允许载流量。如 LGJ-400 导线对应 879A，LGJ-300 导线对应 735A，LGJ-240 导线对应 648A，LGJ-185 导线对应 539A 等。

　　(3) 按一次部分设计所给定的线路电流互感器变比进行估算，如已知 TA 变比为 600/5，则该线路的最大负荷电流不应超过 600A。

　　值得指出，某些整定计算条件中如未给出 110kV 线路电流互感器的变比，则可根据负荷电流进行选择给定，取值宜在 400/5～1000/5 中选择。较典型的选择为 600/5。

　　获得最大负荷电流后，不难求出相对应的最小负荷阻抗，注意求最小负荷阻抗时，应按 0.9 倍额定电压进行相应计算。

　　4. 阶段式保护的配合

　　电力系统中的继电保护是按断路器配置装设的，因此，继电保护必须按断路器分级进行整定。线路保护的分级是按照其正方向来划分的，要求各相邻的上、下级保护之间实现配合协调，以达到选择性的目的。这是继电保护整定配合的总原则。

　　配电网以阶段式保护为主。它们的整定值要求与相邻的上、下级保护之间有严格的配合关系，而它们的保护范围又随电力系统运行方式的改变而变化。阶段式保护的整定配合应注意：①在时间上应有配合，即上一级保护的整定时间应比与其相配合的下一级保护的整定时间大一个时间级差；②在保护范围上有配合，即对同一故障点而言，上一级保护的灵敏系数应低于下一级保护的灵敏系数；③上、下级保护的配合一般按正方向进行，其方向性一般由保护的方向特性或方向元件来保证。

　　多段保护的整定应分段进行。第一段（一般指无时限保护段）保护通常按保护范围不伸出被保护对象的全部范围整定。其余的各段均应按上、下级保护的对应段进行整定配合。所谓对应段是指上一级保护的Ⅱ段与下一级保护的Ⅰ段相对应。同理类推其他保护段。当这样整定的结果不能满足灵敏度的要求时，可不按对应保护段整定配合，即上一级保护的Ⅱ段与下一级保护的Ⅱ段配合，或与Ⅲ段配合。同理，其余各段保护也按此方法进行，直至各段保护均整定完毕。多段式保护的最后一段，还可以采用各级保护最后一段之间相配合的方法。

　　"段"的选择。先以零序电流保护整定为例说明。如图 1-29 所示中，由于 BC 线路的下一级为 110kV 降压变电站，而不是输电线路，且该变电站的变压器中性点并不接地运行，110kV 降压变压器低压侧为 10kV 系统，发生接地故障时，110kV 侧也感受不到零序电流，因此，BC 线路零序电流保护的"段"可以简化为两段，其中第Ⅰ段按本线路末端故障，有灵敏度进行整定，而第Ⅱ段按传统零序电流保护的第Ⅲ段整定原则整定，即按最大不平衡电流整定。BD 线路也可参照此方法。而 AB 线路的需要按常规的"段"配置零序电流保护。

不难看出，由于 BC 线路零序电流保护"段"的变化，势必影响到保护整定值，而计算得到的 AB 线路零序电流保护整定值也会发生相应的变化。

因此，在整定计算时，应对保护的"段"的设置先进行一次整体的考虑，在确定好保护的"段"之后，再由下级至上级，依次进行整定。对整定结果分析比较，反复修改，以选出最佳方案，并结合实际的保护装置，将整定结果按说明书的要求写入保护定值单中。

整定值的优选。一个保护与相邻的几个下一级保护整定配合或一种保护需按满足几个条件进行整定时，均应分别进行整定，取得几个整定值，然后在几个整定值中选取最突出的数值为选定的整定值。具体来说，对反映故障量增大而动作的保护，应选取其中的最大值，对反映故障量减小而动作的保护，应选取其中的最小值。保护的动作时间则总是选取各条件中最长的时间为整定值。

整个电网中阶段式保护的整定方法。首先，对电网中所有线路的第一段保护进行整定计算，然后，再依次进行所有线路的第二段保护整定计算；直至全网各段保护全部整定完毕。

2.1.4　整定系数的取法

1. 可靠系数

由于计算、测量、调试及继电器等各项误差的影响，使保护的整定值偏离预定数值，可能引起误动作，为此，整定计算公式中需引入可靠系数。设计时应注意：按短路电流整定的无时限保护，应选用较大的系数，如 1.3；而按与相邻保护的整定值配合整定的保护，应选用较小的系数，如 1.1；运行中设备参数有变化或计算条件难以准确计算时，应选用较大的系数。例如自启动系数的计算。

2. 返回系数

按正常运行时的量值进行整定的保护，例如，按最大负荷电流整定的过电流保护和最低运行电压整定的低电压保护，在受到故障量的作用时动作，当故障消失后保护不能返回到正常位置将发生误动作。因此，整定公式中引入返回系数。过量动作的保护如过电流保护返回系数小于 1，欠量动作的保护如低电压保护返回系数大于 1，它们的应用是不同的。返回系数的大小与继电器类型有关，目前数字保护广泛地被应用，过量保护的返回系数可取高一些，如取 0.95。

3. 分支系数

多电源的电力系统中，相邻上、下两级保护间的整定配合，还受到中间分支及电源的影响，将使上一级保护范围缩短或伸长，整定公式中需要引入分支系数。实质上，分支系数只与网络拓扑结构有关，在单电源的辐射形电网中，分支系数值与选取的短路点位置无关。

电流分支系数是指在相邻线路三相短路时，流过本线路的短路电流与流过相邻线路电流之比。如图 1-29 所示，对于 D 点的三相短路，求流过 AB 线路分支的电流与流过 BD 线路电流之比。不难看出，在此例中，分支系数的实际上就是以 S1 系统阻抗、S1 至 B 母线阻抗、S2 系统阻抗之和为分母，以 S2 系统阻抗为分子的比值。

距离保护的助增系数实际上为分支系数的一种特殊表示，其本质上就是分支系数。只是一般用其倒数表示，在整定配合上应选取可能出现的最小值。对于上例而言，当 S2 消失时，相当于助增作用消失，此时分支系数为 1，即助增系数为 1。因此，在设计时，可默认助增系数为 1。

汲出系数也是分支系数的一种，在上例中，BC 线路为平行双回线，则会用到汲出系数，在整定配合上汲出系数也应选取可能的最小值。

4. 灵敏系数

在继电保护的保护范围内发生故障，保护装置反应的灵敏程度称为灵敏度。灵敏度用灵敏系数表示。灵敏系数指在被保护对象的某一指定点发生故障时，故障量与整定值之比（反应故障量增大动作的保护，如过电流保护），或整定值与故障量之比（反应故障量减小动作的保护，如低电压保护）。

灵敏系数一般分为主保护灵敏系数和后备保护灵敏系数两种。前者是对被保护对象的全部范围而言；后者则是对被保护对象的相邻保护对象的全部范围而言。

某些保护整定时，会按在本线路末端故障有灵敏度进行整定，因此，灵敏系数不光为检验保护装置是否灵敏，还可用来反推出整定值，这是灵敏系数的一种特殊用法。

5. 自启动系数

按负荷电流整定的保护，必须考虑负荷电动机自启动状态的影响。当电力系统发生故障并被切除后，电动机产生自启动过程，出现很大的自启动电流。负荷端电压降低的时间越长（即切除故障的时间越长），电动机随着转速下降越多，自启动电流也越大。极限状态是电动机由静止状态启动起来，自启动电流达到最大值。一般考虑自启动就选择这种极限状态。

自启动电流比负荷电流大许多倍，而且延续时间又长，故按负荷电流整定的保护整定公式中，需要引入自启动系数。自启动系数等于自启动电流与额定负荷电流之比。本设计中的负载多为综合负载（包括动力负荷与恒定负荷），其自启动系数取值约为 1.5～2.5。如负载为纯动力负荷（多台电动机的综合）的自启动系数取值约为 2～3。

2.1.5　常见问题

在整定计算过程中，由于学生对故障分析方法和继电保护原理的掌握尚不熟练，难免出现错误，现将其归纳如下并提出相应的改正方法：

（1）阻抗的标幺值未进行统一折算。对于发电机、变压器的铭牌参数，需经过近似计算法加以折算，才能纳入各序阻抗网络。

（2）零序网络图构成错误。零序网络的构造机理与正序网络是不一样的，首先必须考虑零序网络、零序阻抗是否需要计算。其次是发电厂、变电站的多台主变压器中，可能只有一台是中性点接地运行的，这对零序网络的影响也非常大。

（3）短路点电流与流过保护的电流混用。根据正序、负序、零序综合阻抗计算得出的短路电流，不一定就是流过保护安装处的电流，因此要掌握电力系统中各电气量值的分布计算方法。学会使用电流分布系数来求取流过保护的电流。

（4）整定值一、二次不分。在实际进行整定计算时，整定值最终要落实到具体的保护装置的定值单上（为二次值），因此要特别注意将一次整定值按互感器变比合理的折算成二次值。

（5）整体感不足。如零序电流保护Ⅰ段整定时，按流过本线路末端的最大三倍零序电流来整定，零序电流保护Ⅱ段整定时，与相邻线路零序电流保护Ⅰ段相配合整定的结果却大于本线路零序电流保护Ⅰ段定值，这种整定显然是错误的。此时，零序电流保护Ⅱ段整定必须采用新的整定思路。

2.2 10kV 配电系统整定计算示例

10kV 线路多属于终端馈线。线路上接有多台配电变压器，变压器的位置分散、容量不一。这种线路由主干线路与多条分支线路组成，因此线路保护范围是出线断路器至各分支线高压熔断器之前的主干线及各分支线路。10kV 馈线一般没有下一级线路，继电保护装置一般只配置在母线处，馈线保护与三相重合闸、电气量监测、断路器控制等功能综合为一体，称为"保护测控一体化装置"。

2.2.1 整定对象与任务

1. 整定对象

如图 2-1 图所示，图中所示变压器 T1 高压侧接 110kV 系统，低压侧接 10kV 母线，母线分段断路器 QF3 处于断开状态。如果 110kV 中的某一台主变压器因故停运，则需要由另一台主变压器带 10kV 侧两段母线运行，此时需要合上母线分段断路器，相应的母线分段保护也需要投入运行。

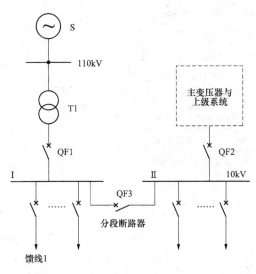

图 2-1 整定对象示意图

10kV 母线 Ⅰ 段上馈线与 10kV 母线 Ⅱ 段上馈线、母线分段保护也采用"保护测控一体化装置"，母线分段断路器还具有备用电源自动投入功能，其功能是当工作电源因故障断开后，能自动而迅速地将备用电源投入工作或将用户切换到备用电源上去，从而使用户不至于停电。

2. 整定任务

本次整定任务是：①10kV 母线 Ⅰ 段上馈线 1 保护整定；②母线分段断路器保护及备用电源自动投入整定。其中馈线 1 的示意如图 2-2 所示。馈线 L1 接于 M 母线，馈线 L2 接于 N 母线。

已知条件见表 2-1。标准容量取 100MVA，标准电压取 10.5kV。馈线 1 由两段主干线构成，其中 L1 线路长 5km，在其线路首端装设有保护 P1，L2 线路长 10km，在其线路首端装设有保护 P2。M 母线等值系统正序阻抗是指 M 母线的左侧正序阻抗，其值为系统 S 阻抗

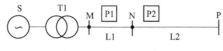

图 2-2 馈线 1 示意图

与变压器 T1 阻抗相加所得。类似地，N 母线等值系统正序阻抗应是 S、T1 与 L1 阻抗之和。馈线 L1 末端即 N 母线，即 P2 处。互感器变比已折算成具体数值。L1、L2 线路的最大负荷电流已是乘以自启动系数后的值。

表 2-1 10kV 母线 Ⅰ 段上馈线保护整定已知参数表

序号	变量定义	变量名	变量值	单位
1	M 母线最大运行方式下等值系统正序阻抗	$Z_{s.1.min}$	0.4005	Ω
2	M 母线最小运行方式下等值系统正序阻抗	$Z_{s.1.max}$	0.4226	Ω
3	M 母线最小两相短路电流	$I_{F.M.min}^{(2)}$	12426	A
4	N 母线最大三相短路电流	$I_{F.N.max}^{(3)}$	2526	A
5	N 母线最小两相短路电流	$I_{F.N.min}^{(2)}$	2167	A
6	馈线 L1 最大负荷电流	$I_{L0.L1.max}$	450	A
7	馈线 L1 等值正序阻抗	Z_{L1}	2	Ω
8	馈线 L1 保护用电流互感器变比	$n_{TA.L1}$	120	无
9	N 母线最大运行方式下等值系统正序阻抗	$Z_{s.2.min}$	2.4	Ω
10	N 母线最小运行方式下等值系统正序阻抗	$Z_{s.2.max}$	2.423	Ω
11	P 母线最大三相短路电流	$I_{F.P.max}^{(3)}$	947	A
12	P 母线最小两相短路电流	$I_{F.P.min}^{(2)}$	818	A
13	馈线 L2 最大负荷电流	$I_{L0.L2.max}^{(2)}$	340	无
14	馈线 L2 等值正序阻抗	Z_{L1}	4	Ω
15	馈线 L2 保护用电流互感器变比	$n_{TA.L2}$	120	无

RCS 9000系列C型
线路保护部分

2.2.2 保护装置简介

1. 线路保护

RCS 9611C 是一种较为典型的"保护测控一体化装置"，可用于 110kV 以下电压等级的非直接接地系统或小电阻接地系统中的线路。对于 10kV 馈线，保护装置所配置的功能并不是完全投入应用。保护具体配置的功能及常见使用情况为：

（1）三段可经复压和方向闭锁的过电流保护，各段有独立的电流定值和时间定值，以及独立选择方向闭锁和复压闭锁。一般情况下，馈线过电流保护不需要配置复压闭锁及方向闭锁，只需要对过电流保护进行整定。

（2）三段零序过电流保护，应用于接地零序电流相对较大的系统。零序Ⅰ段和零序Ⅱ段固定为定时限保护，零序Ⅲ段可经保护装置的控制字选择定时限还是反时限。一般情况下，10kV 系统多采用中性点不接地运行方式，不采用中性点经小电阻接地方式，因此，零序过电流保护多停用。

（3）加速保护，装置设有一段过电流加速保护和一段零序加速保护。过电流加速保护一般配合三相重合闸使用，而零序加速保护一般停用。

（4）过负荷保护，装置设有一段独立的过负荷保护，可以通过控制字选择报警还是跳闸。一般投入使用。

（5）按频率减负荷（低周减载）功能，通过"投低周减载"硬压板来投退按频率减负荷功能。两段共用一套"低周保护低频定值"，"低周保护低压闭锁定值"和"低周电流闭锁定值"。一般投入使用。

本例中，L1、L2 线路均装设保护。

2. 母线分段断路器

RCS 9651C 是用于分段（桥）开关的备用电源自动投入与母线分段断路器（或称分段开关）保护和测控装置。可用于 110kV 以下电压等级的非直接接地系统或小电阻接地系统。对于 10kV 分段断路器，保护装置所配置的功能并不是完全投入应用。保护具体配置的功能及常见使用情况为：

（1）分段备用电源自动投入。装置可实现两个电压等级（35、10kV）各两种方式的分段开关备用电源自动投入（备自投），但明备用和暗备用一般只投入 10kV 分段开关的备用电源自动投入。

（2）经低压闭锁的定时限过电流保护。一般情况下，不需要配置经低电压闭锁，只需要对过电流保护进行整定。

（3）零序过电流保护。一般情况下，10kV 系统多采用中性点不接地运行方式，因此，零序过电流保护多停用。

（4）合闸后加速保护。一般情况下，零序电压闭锁的零序加速段退出，过电流加速段投入运行。

2.2.3 整定思路

1. 馈线

（1）L2 线路。L2 为末端线路，并没有下级线路，线路存在分支线路及配电变压器，但在示意图中未详细画出。由于保护的对象只是主干线路，因此整定的主要思路为设置电流速断保护（Ⅰ段）与过电流保护构成 L2 的主保护，不再设置限时电流速断保护（Ⅱ段），而是将定时限过电流保护（Ⅲ段）的动作时限设置为 $0.3 \sim 0.5s$，即只投入Ⅰ、Ⅲ段。由于线路相对较短，主干线路上故障时，母线残压较低，按不设置复压闭锁考虑。国内对于馈线多采用阶段式定时限保护，不采用反时限，因此本次设计不设反时限功能，由于馈线电压等级为 10kV 系统，该系统一般采用中性点不接地运行方式，因此接地电流接近于 0，故本次设计不进行零序电流保护整定。自动按频率减负荷也列入本次设计内容。自动重合闸为 10kV 馈线常用的自动装置，由于本系统为单侧电源，故不需要考虑检无压与检同期问题，只需要整定重合闸时间。

对无时限电流速断保护的整定可以做两方面的尝试，再选出较优方案。其中方案一为按书中所述常规方法整定，该方案的特点是动作电流大，不需要与配电变压器保护相配合，但有些案例中灵敏度可能不满足要求。方案二为按躲过 L2 上最大容量配电变压器低压侧最大三相短路电流来整定，如无配电变压器参数资料，可以先假设配电变压器最大容量为 1000kVA，短路电压百分数为 6%。该方案计算所得整定值要小一些，但要考虑与配电变压器自身速断保护相配合的问题，否则易失去选择性，可以通过增加电流速断保护（Ⅰ段）延时的方法加以解决，一般可设延时为 0.1s。

注意在获得动作值与动作时间之后，还需要计算Ⅰ段的最小保护范围，要求不小于 15%～20%，本线路全长才能合格。同时要校验Ⅲ段的灵敏度系数，要求不小于 1.5。获得本线路的电流速断保护（Ⅰ段）与过电流保护整定一次值之后，还要注意折算成二次值，该二次值是实际整定到保护装置中的。

（2）L1 线路。L1 线路的下一级为 L2 线路，线路上也存在分支线路及配电变压器，只是示意图中未详细画出。由于保护的对象是主干线路 L1 及相邻线路 L2，因此需要设置电流保护的Ⅰ、Ⅱ、Ⅲ段，其中Ⅰ段、Ⅲ段整定原则与 L2 的类似，而Ⅱ段需要与 L2 的Ⅰ段整定相配合。

对于这种有下一级线路的保护，Ⅰ段整定只能按常规的方法。而与 L2 不同的是，电流Ⅲ段需要校验本线路末端及相邻线路末端两点的灵敏度，如果灵敏度不满足，则需要与 L2 的Ⅲ段（实质上升格为Ⅱ段）相配合整定。

2. 母线分段断路器

当母线分段断路器合闸，即 10kV 母线并列运行条件下发生线路故障时，首先应考虑馈线保护先动作。母线分段断路器保护可认为是馈线电流保护的后备保护，其电流速断保护整定值应与该母线上出线最大电流速断动作值相配合整定，动作时间为一个时间级差。过电流保护可不设。母线分段断路器设置有备用电源自动投入（备自投）元件，该元件的整定项目包括低电压元件、过电压元件、动作延时、充电时间等，整定方法较为常规，多取经验值，计算量很小。

2.2.4　线路 L2、L1 整定过程

本例中，L1 线路是 L2 线路的上一级线路。因此，整定次序是先计算 L2 线路，再计算 L1 线路。

1. 线路 L2 无时限电流速断保护（Ⅰ段）

（1）动作电流。动作电流 $I_{\text{op. L2. p}}^{\text{I}}$ 按躲开线路 L2 末端 P 母线短路时的最大三相短路电流整定，即

$$I_{\text{op. L2. p}}^{\text{I}} = K_{\text{rel}} I_{\text{F. P. max}}^{(3)} \tag{2-1}$$

式中：K_{rel} 为可靠系数，取 1.3；$I_{\text{F. P. min}}^{(3)}$ 为 L2 线路末端短路故障时流过线路的最大短路电流值，取 947A。

则动作电流一次值 $I_{\text{op. L2. p}}^{\text{I}}$ 为

$$I_{\text{op. L2. p}}^{\text{I}} = 1.3 \times 947 = 1231.1 (\text{A})$$

对应的动作电流二次值 $I_{\text{op. L2. s}}^{\text{I}}$ 为

$$I_{\text{op. L2. s}}^{\text{I}} = 1231.1/120 = 10.26 (\text{A})$$

$I_{\text{op. L2. s}}^{\text{I}}$ 对应装置中的定值名称为Ⅰ段定值，其值设置为 10.26A。

（2）动作时限。则动作延时为 $t_2^{\text{I}} = 0$s，对应装置中的定值名称为过电流Ⅰ段时间，其值设置为 0s。

（3）灵敏度校验。按规程，最小保护范围一般不应小于被保护线路全长的 15%～20%。最小保护长度为

$$L_{min} = \frac{1}{X_1}\left(\frac{\sqrt{3}}{2}\frac{E_{N.10}}{I_{op.L2.p}^{I}} - Z_{s.2.max}\right) \tag{2-2}$$

式中：$E_{N.10}$ 为相电动势，取 $10.5kV/\sqrt{3}$；X_1 为被保护线路单位长度的正序阻抗，取 $0.4\Omega/km$；$Z_{s.2.max}$ 为 N 母线最小运行方式下等值系统的正序阻抗值，取 2.423；$I_{op.L2.p}^{I}$ 为线路 L2 I 段动作电流值，取 $1231.1A$。

对应的百分数为

$$L_{min}\% = \frac{L_{min}}{L}\times 100\% \tag{2-3}$$

则灵敏度为

$$L_{min} = \frac{1}{0.4}\left(\frac{10500}{2\times 1231.1} - 2.423\right) = 4.6(km)$$

$$L_{min}\% = \frac{L_{min}}{L}\times 100\% = \frac{4.6}{10}\times 100\% = 46\% > 20\%，满足要求。$$

2. 线路 L2 过电流保护（III 段）

(1) 动作电流。动作电流 $I_{op.L2.p}^{III}$ 按躲过本线路的最大负荷电流 $I_{Lo.L2.max}$ 乘以自启动系数值整定。

$$I_{op.L2.p}^{III} = \frac{K_{rel}}{K_r}I_{Lo.L2.max} \tag{2-4}$$

式中：K_{rel} 为可靠系数，取 1.2；K_r 为返回系数，取 0.85。

则动作电流一次值 $I_{op.L2.p}^{III}$ 为

$$I_{op.L2.p}^{III} = \frac{1.2}{0.85}\times 340 = 480(A)$$

对应的动作电流二次值 $I_{op.L2.s}^{I}$ 为

$$I_{op.L2.s}^{III} = 480/120 = 4(A)$$

$I_{op.L2.s}^{III}$ 对应装置中的定值名称为 III 段定值，其值设置为 $4A$。

(2) 动作时限。因本线路为末端线路，无下级，故过电流（III 段）动作时限不需要考虑与下级配合的问题，所以动作延时与线路 L2 无时限电流速断的时间 t_2^{I} 相配合。

$$t_2^{III} = t_2^{I} + \Delta t \tag{2-5}$$

式中：Δt 为时间级差，取 $0.5s$。

则动作时限为 $t_2^{III} = 0.5s$。

t_2^{III} 对应装置中的定值名称为过电流 III 段时间，其值设置为 $0.5s$。

(3) 灵敏度校验。按最小运行方式下校核线路末端两相短路的灵敏系数不小于 1.5 校验灵敏度。

$$K_{sen}^{II} = \frac{I_{F.P.min}^{(2)}}{I_{op.L2.p}^{III}} \tag{2-6}$$

式中：$I_{F.P.min}^{(2)}$ 为最小运行方式下线路 L2 末端 P 母线处最小两相短路电流值。

则灵敏度为

$$K_{sen}^{II} = \frac{818}{480} = 1.70 > 1.5，满足要求。$$

3. 线路 L1 无时限电流速断保护（I 段）

(1) 动作电流。动作电流 $I_{op.L1.p}^{I}$ 按躲过线路 L1 末端 N 母线处短路时的最大三相短路电

流整定，有

$$I^{\mathrm{I}}_{\mathrm{op.L1.p}} = K_{\mathrm{rel}} I^{(3)}_{\mathrm{F.N.max}} \tag{2-7}$$

式中：K_{rel} 为可靠系数，取 1.3；$I^{(3)}_{\mathrm{F.N.max}}$ 为 L1 线路末端短路故障时流过线路的最大短路电流值，取 2526A。

则动作电流一次值 $I^{\mathrm{I}}_{\mathrm{op.L1.p}}$ 为

$$I^{\mathrm{I}}_{\mathrm{op.L1.p}} = 1.3 \times 2526 = 3283.8 (\mathrm{A})$$

对应的动作电流二次值 $I^{\mathrm{I}}_{\mathrm{op.L1.s}}$ 为

$$I^{\mathrm{I}}_{\mathrm{op.L1.s}} = 3283.8/120 = 27.37 (\mathrm{A})$$

（2）动作时限。则动作延时为 $t^{\mathrm{I}}_1 = 0\mathrm{s}$。

（3）灵敏度校验。按规程，最小保护范围一般不应小于被保护线路全长的 15%～20%。

最小保护线路长度为

$$L_{\min} = \frac{1}{X_1}\left(\frac{\sqrt{3}}{2}\frac{E_{\mathrm{N.10}}}{I^{\mathrm{I}}_{\mathrm{op.L1.p}}} - Z_{\mathrm{s.1.max}}\right) \tag{2-8}$$

对应百分数为

$$L_{\min}\% = \frac{L_{\min}}{L} \times 100\% \tag{2-9}$$

式中：$E_{\mathrm{N.10}}$ 为 10kV 相电动势，取 $10.5\mathrm{kV}/\sqrt{3}$；X_1 为被保护线路单位长度的正序阻抗，取 $0.4\Omega/\mathrm{km}$；$Z_{\mathrm{s.1.max}}$ 为 M 母线最小运方下等值系统正序阻抗有名值，取 0.4226；$I^{\mathrm{I}}_{\mathrm{op.L1.p}}$ 为线路 L1 I 段动作电流值，取 3283.8A。

则灵敏度为

$$L_{\min} = \frac{1}{0.4}\left(\frac{10500}{2 \times 3283.8} - 0.4226\right) = 2.94 (\mathrm{km})$$

$$L_{\min}\% = \frac{L_{\min}}{L} \times 100\% = \frac{2.94}{5} \times 100\% = 58.8\% > 20\%，满足要求。$$

4. 线路 L1 限时电流速断保护（Ⅱ段）

（1）动作电流。动作电流 $I^{\mathrm{II}}_{\mathrm{op.L1.p}}$ 按躲过相邻线路 L2 的电流速断保护动作电流整定。

$$I^{\mathrm{II}}_{\mathrm{op.L1.p}} = K_{\mathrm{rel}} I^{\mathrm{I}}_{\mathrm{op.L2.p}} \tag{2-10}$$

式中：K_{rel} 为可靠系数，取 1.1；$I^{\mathrm{I}}_{\mathrm{op.L2.p}}$ 为线路 L2 无时限电流速断保护整定值，取 1231.1A。

则动作电流一次值 $I^{\mathrm{II}}_{\mathrm{op.L1.p}}$ 为

$$I^{\mathrm{II}}_{\mathrm{op.L1.p}} = 1.1 \times 1231.1 = 1354.2 (\mathrm{A})$$

对应的动作电流二次值 $I^{\mathrm{II}}_{\mathrm{op.L1.s}}$ 为

$$I^{\mathrm{II}}_{\mathrm{op.L1.s}} = 1354.21/120 = 11.29 (\mathrm{A})$$

（2）动作时限。动作延时与线路 L2 无时限电流速断的时间 t^{I}_2 相配合。

$$t^{\mathrm{II}}_2 = t^{\mathrm{I}}_2 + \Delta t \tag{2-11}$$

式中：Δt 为时间级差，取 0.5s。

则动作时限 $t^{\mathrm{II}}_2 = 0.5\mathrm{s}$。

（3）灵敏度校验。按最小运行方式下校核线路末端两相短路校验灵敏度。

$$K^{\mathrm{II}}_{\mathrm{sen}} = \frac{I^{(2)}_{\mathrm{F.N.min}}}{I^{\mathrm{II}}_{\mathrm{op.L1.p}}} \tag{2-12}$$

式中：$I_{F.N.min}^{(2)}$ 为最小运行方式下线路 L1 末端最小两相短路电流值，取 2167A；$I_{op.L1.p}^{II}$ 为线路 L1 限时速断保护动作电流。

则灵敏度为

$$K_{sen}^{II} = \frac{2167}{1354.21} = 1.6 > 1.5，满足要求。$$

5. 线路 L1 过电流保护（Ⅲ段）

（1）动作电流。过电流保护既要躲过本线路最大负荷电流，又要与相邻线路的过电流保护定值相配合，取较大者为定值，注意本节所述"本线路最大负荷电流"是指本线路正常运行条件下的最大负荷电流再乘以自启动系数后所得值，也可以称为"最大自启动电流"。实际设计过程中，指导教师应明确所给计算条件中的"最大负荷电流"的含义。

a. 动作电流 $I_{op.L1.p}^{III}$ 按躲过线路的最大负荷电流整定。

$$I_{op.L1.p}^{III} = \frac{K_{rel}}{K_r} I_{Lo.L1.max} \tag{2-13}$$

式中：K_{rel} 为可靠系数，取 1.2；K_r 为返回系数，取 0.85；$I_{Lo.L1.max}$ 为线路 L1 最大负荷电流，取 450A。

则动作电流一次值 $I_{op.L1.p}^{III}$ 为

$$I_{op.L1.p}^{III} = \frac{1.2}{0.85} \times 450 = 635.29(A)$$

对应的动作电流二次值 $I_{op.L1.s}^{III}$ 为

$$I_{op.L1.s}^{III} = 635.29/120 = 5.29(A)$$

b. 动作电流 $I_{op.L1.p}^{III}$ 与相邻线路 L2 过流保护配合整定。

$$I_{op.L1.p}^{III} = K_{rel} K_{br.max} I_{op.L2.p}^{III} \tag{2-14}$$

式中：K_{rel} 为可靠系数，取 1.2；$K_{br.max}$ 为最大分支系数，取 1；$I_{op.L2.p}^{III}$ 为线路 L2 过电流保护动作值。

则动作电流一次值 $I_{op.L1.p}^{III}$ 为

$$I_{op.L1.p}^{III} = 1.2 \times 1 \times 480 = 576(A)$$

对应的动作电流二次值 $I_{op.L1.s}^{III}$ 为

$$I_{op.L1.s}^{III} = 576/120 = 4.8(A)$$

取上述较大值，故动作电流一次值 $I_{op.L1.p}^{III}$ 为

$$I_{op.L1.p}^{III} = 635.29(A)$$

动作电流二次值 $I_{op.L1.s}^{III}$ 为

$$I_{op.L1.s}^{III} = 5.29(A)$$

（2）动作时限。动作延时与线路 L2 过电流速断保护时间 t_2^{III} 相配合。

$$t_1^{III} = t_2^{III} + \Delta t \tag{2-15}$$

式中：Δt 为时间级差，取 0.5s。

则动作时限为 $t_1^{III} = 1s$。

（3）灵敏度校验。

a. 作为近后备时，按最小运行方式下本线路 L1 末端两相短路校验灵敏度。

$$K_{sen}^{III} = \frac{I_{F.N.min}^{(2)}}{I_{op.L1.p}^{III}} \tag{2-16}$$

式中：$I_{\mathrm{F.N.min}}^{(2)}$ 为最小运行方式下线路 L1 末端最小两相短路电流值，取 2167A；$I_{\mathrm{op.L1.p}}^{\mathrm{III}}$ 为线路 L1 过电流保护电流动作值，取 636.29A。

则灵敏度为

$$K_{\mathrm{sen}}^{\mathrm{III}} = \frac{2167}{636.29} = 3.41 > 1.5，满足要求。$$

b. 作为远后备时，按最小运行方式下相邻线路 L1 末端两相短路校验灵敏度

$$K_{\mathrm{sen}}^{\mathrm{III}} = \frac{I_{\mathrm{F.P.min}}^{(2)}}{I_{\mathrm{op.L1.p}}^{\mathrm{III}}} \tag{2-17}$$

式中：$I_{\mathrm{F.P.min}}^{(2)}$ 为最小运行方式下线路 L2 末端最小两相短路电流值，取 818A；$I_{\mathrm{op.L1.p}}^{\mathrm{III}}$ 为线路 L1 过电流保护电流动作值，取 636.29A。

则灵敏度为

$$K_{\mathrm{sen}}^{\mathrm{III}} = \frac{818}{636.29} = 1.28 > 1.25，满足要求。$$

2.2.5 母线分段断路器整定过程

采用设备为南瑞继保公司的 RCS-9651C 型装置，其主要功能为备用电源自动投入及过电流保护。

1. 备用电源自动投入部分

备用电源自动投入充电时间应大于其他设备的继电保护切除短路的时间，故取 10s。无电流检查定值取默认值，为 0.1A。以下简要说明关键定值的整定方法。

（1）有压定值。过电压元件用来检测备用母线是否有电压的情况。一般动作电压工作 $U_{\mathrm{OV.BS.s}}$ 不低于额定电压的 70%。

$$U_{\mathrm{OV.BS.s}} = 0.7 U_{\mathrm{N.10.s}} \tag{2-18}$$

式中：$U_{\mathrm{N.10.s}}$ 为 10kV 母线二次侧额定电压，取 100V。

则对应的动作电压 $U_{\mathrm{OV.BS.s}}$ 为

$$U_{\mathrm{OV.BS.s}} = 0.7 \times 100 = 70(\mathrm{V})$$

$U_{\mathrm{OV.BS.s}}$ 对应装置中的定值有压定值，其值设置为 70V。

（2）无压启动定值。低电压元件用来检测工作母线是否失去电压的情况，当工作母线失压时，低电压元件应可靠动作。低电压元件动作值 $U_{\mathrm{LV.BS.s}}$ 一般取额定电压的 30%。

$$U_{\mathrm{LV.BS.s}} = 0.3 U_{\mathrm{N.10.s}} \tag{2-19}$$

则对应的动作电压 $U_{\mathrm{LV.BS.s}}$ 为

$$U_{\mathrm{LV.BS.s}} = 0.3 \times 100 = 30(\mathrm{V})$$

$U_{\mathrm{LV.BS.s}}$ 对应装置中的定值无压启动定值，其值设置为 30V。

2. 过电流 I 段

（1）动作电流。因无法获得本母线所接各馈线中速断电流保护最大值，故过电流 I 段按最小运行方式下 10kV 母线 I 段两相短路电流有 4 倍灵敏度整定。

过电流 I 段动作电流一次值为

$$I_{\mathrm{op.BS.p}}^{\mathrm{I}} = \frac{1}{4} I_{\mathrm{F.M.min}}^{(2)} \tag{2-20}$$

式中：$I_{\mathrm{F.M.min}}^{(2)}$ 为 10kV 母线 I 段最小两相短路电流。

过电流 I 段动作电流二次值为

$$I_{\mathrm{op.BS.s}}^{\mathrm{I}} = I_{\mathrm{op.BS.p}}^{\mathrm{I}}/n_{\mathrm{TA}} \tag{2-21}$$

式中：n_{TA} 为 10kV 母线分段断路器电流互感器变比，取 120。

则动作电流一次值 $I_{\mathrm{op.BS.p}}^{\mathrm{I}}$ 为

$$I_{\mathrm{op.BS.p}}^{\mathrm{I}} = 12426/4 = 3106.5(\mathrm{A})$$

对应的动作电流二次值 $I_{\mathrm{op.BS.s}}^{\mathrm{I}}$ 为

$$I_{\mathrm{op.BS.s}}^{\mathrm{I}} = 3106.5/120 = 25.89(\mathrm{A})$$

本次 $I_{\mathrm{op.BS.s}}^{\mathrm{I}}$ 整定取 26A。对应装置中的定值名称为过电流Ⅰ段定值，其值设置为 26A。

（2）动作延时。动作延时取 $t_{\mathrm{BS}}^{\mathrm{I}} = 0.1\mathrm{s}$。对应装置中的定值名称为过电流Ⅰ段时间，其值设置为 0.1s。

3. 过电流加速段保护

如备用电源自动投入装置动作，却合闸于故障母线时，应加速动作跳开母线分段断路器。其定值可按躲过相邻母线最大负荷电流整定，并需要考虑电机的自启动系数。该保护只在备用电源自动投入装置动作过程中投入，正常运行时退出。为简化起见，本例按最小运行方式下 10kV 母线Ⅰ段两相短路电流有 8 倍灵敏度进行整定，二次值取为 13A，动作时间为 0s。

4. 充电保护

充电保护属于断路器保护，专为母线分段断路器向备用母线充电使用（备用母线原不带电）。充电保护整定值很小，动作时间也很短，通过母线分段断路器给备用母线充电时，假如备用母线有故障，则充电保护瞬时动作，断开母线分段断路器，防止重大事故。本例为简化起见，取电流互感器二次额定电流为定值，二次值取为 5A，动作时间为 0s。

2.2.6 整定结果的说明

对于具体装置而言，其整定的项目与具体的数值与教科书上所介绍的内容还是有很大的差异。对于供电部门而言，存在许多条 10kV 馈线，每条馈线都需要

2.2.6
RCS 9611 保护单
示例供参考

一份整定参数表，而随着技术改造的不断推进，每条馈线所安装的保护也在不停地更新换代，因此，整定参数表也需要根据装置或软件版本的更新而重新给定。

如表 2-2 所示，站名、设备名称、互感器变比为馈线的主要一次设备信息。装置额定电流、装置型号、软件版本、校验码则限定了继电保护装置的信息，这样能够有效地防止因信息交流不畅而造成的"误整定"。表中"保护允许负荷"简称"保护限额"，该电流是下达给配电运行部门的数值，是用于界定事故责任的一个重要定值。其含义可理解为在正常运行时保证该线路的负荷电流不要超过该值，如超过该值造成的保护动作，其责任由运行部分负责。

表 2-2   线路 L2 整定结果表 1（基本参数）

序 号	项 目	参 数
1	站名	110kV×××变电站
2	设备名称	××线
3	互感器变比	600/5A
4	保护允许负荷	320A

序　号	项　目	参　数
5	装置额定电流	5A
6	装置型号	RCS 9611C_070125
7	软件版本	2.20.2.070125
8	校验码	9146

表 2-3 含有两个部分，序号 1～31 为保护定值及功能定值；序号 32～57 为整定控制字，置"1"相应功能投入，置"0"相应功能退出。具体说明如下：

（1）控制字的说明。从序号 32～34 可以看出，过电流保护只投入Ⅰ段与Ⅲ段，与前文所述相吻合；序号 35 控制字设为"0"，说明不采用反时限；序号 36～41 控制字设为"0"，说明电流保护不经任何闭锁；序号 42、43 控制字说明该装置接有电压，电压互感器断线造成电压输入异常时，装置会告警，但由于电流保护未经电压闭锁，因此不必要闭锁保护；序号 44～46 控制字设为"0"，说明该保护装置虽然采用了重合闸装置，但不投入保护加速跳闸功能；序号 47～51 控制字设为"0"，说明过负荷保护、零序电流保护、低周保护（低频率减负荷保护）都不投入；最后三个控制字说明该装置只投入最普通的重合闸，即装置不需要检定母线电压与线路电压是否"同期"，也不需要检定线路是否"无压"，因为这两种功能只在双侧电源线路上才用到。

（2）定值的说明。根据控制字，能发现该装置负荷保护、零序电流保护、低周保护并不投入运行，电流保护不经任何闭锁，而重合闸也不经任何闭锁。相应的整定参数需要与该设置相响应，具体设置的说明为：序号 1、2 参数。过电流保护负序电压闭锁定值。整定为最小值，对于装置具体整定为 0V。过电流保护低压闭锁定值具体整定为 100V。这样整定的目的是保证整定序号 36～38 的参数在被误整定为"1"时，电流保护也不会拒动。因为在相间短路故障时，负序电压一定大于 0V，而某两相间的线电压也一定会小于 100V。序号 3～5 参数。过电流Ⅰ段动作值躲过最大方式下线路出口大容量配电变压器低压侧三相短路电流整定。此例中，按大容量配电变压器为 31.5MVA、短路电压百分数为 10.5%、10kV 系统阻抗的标幺值为 0.333pu（标准容量为 100MVA）计算，计算结果就近取整。没有特殊要求，无须验证保护范围以验证保护的灵敏性。过电流Ⅲ段的整定值，按躲过最大负荷电流整定。序号 6～7 参数。设置了过负荷定值，但对应的控制字已设置为"0"。计算好整定值，是为该功能投入做好准备。过电流加速段定值设置为 100A，即保护装置所能设定的电流最大值。序号 8～11 参数。与过电流加速段的整定思路类似，均取 100A。序号 12～14 参数。低周保护的低频定值取为最小值，即 45Hz，目的是使该保护确定不发挥作用，因为若频率下降到 45Hz，电力系统早已崩溃。低电压闭锁设置为最大值，df/dt 闭锁（称为滑差闭锁）定值设置为 5Hz/s，其意图类似。序号 15、16 参数。低压减载定值取为最小值，即 0V，目的是使该保护确定不发挥作用。dU/dt 闭锁定值的设置意图类似。序号 18～29 参数。Ⅰ段为 0s，Ⅲ段为 0.5s，重合闸延时 2s。其余参数均设置为 100s，设置最大动作时间，与该保护不投入相对应。序号 30～31 参数。这两个参数是设置过电流Ⅲ段与零序Ⅲ段反时限特性的一个参数，"1"代表采用普通反时限特性，"2"代表采用非常反时限特性，"3"代表采用极端反时限特性。此处选择为"1"。

表 2-3　　　　　　　　　　线路 L2 整定结果表 2（整定值）

序号	项目	参数	序号	项目	参数
1	过电流保护负序电压闭锁定值	最小值	30	过电流Ⅲ段反时限特性	1
2	过电流保护低压闭锁定值	最大值	31	零序Ⅲ段反时限特性	1
3	Ⅰ段过电流定值	10.26A	32	过电流Ⅰ段保护投入	1
4	Ⅱ段过电流定值	最大值	33	过电流Ⅱ段保护投入	0
5	Ⅲ段过电流定值	4A	34	过电流Ⅲ段保护投入	1
6	过电流加速段	最大值	35	过电流Ⅲ段反时限投入	0
7	过负荷保护定值	最大值	36	过电流Ⅰ段经复压闭锁	0
8	零序Ⅰ段过电流	最大值	37	过电流Ⅱ段经复压闭锁	0
9	零序Ⅱ段过电流	最大值	38	过电流Ⅲ段经复压闭锁	0
10	零序Ⅲ段过电流	最大值	39	过电流Ⅰ段经方向闭锁	0
11	零序过电流加速段	最大值	40	过电流Ⅱ段经方向闭锁	0
12	低周保护低频值	最小值	41	过电流Ⅲ段经方向闭锁	0
13	低周保护低电压闭锁定值	最大值	42	TV 断线检查投入	1
14	df/dt 闭锁定值	最小值	43	TV 断线暂退出与电压有关电流保护	0
15	低压减载定值	最小值	44	过电流加速段投入	0
16	dU/dt 闭锁定值	最小值	45	零序过电流加速段投入	0
17	重合闸同期角	最小值	46	投前加速	0
18	过电流Ⅰ段时间	0s	47	过负荷保护投入	0
19	过电流Ⅱ段时间	最大值	48	零序Ⅰ段过电流投入	0
20	过电流Ⅲ段时间	0.5s	49	零序Ⅱ段过电流投入	0
21	过电流加速段时间	最大值	50	零序Ⅲ段过电流投入	0
22	过负荷保护时间	最大值	51	零序过电流Ⅲ段反时限投入	0
23	零序Ⅰ段过电流时间	最大值	52	低周保护投入	0
24	零序Ⅱ段过电流时间	最大值	53	df/dt 闭锁投入	0
25	零序Ⅲ段过电流时间	最大值	54	低压减载投入	0
26	零序过电流加速时间	最大值	55	重合闸投入	1
27	低周保护时间	最大值	56	重合闸检同期	0
28	低压减载时间	最大值	57	重合闸检无压	0
29	重合闸时间	2s			

注　表中所设"最大值"是指在保护装置定值范围中取最大值。取最大值的主要目的是预防在控制字整定错误的情况下（如"零序过电流段"误整定为"1"，即投入）时保护误动作。

表 2-4 所示的"整定值"含有两个部分，序号 1～18 为保护定值及功能定值；序号 19～33 为整定控制字，置"1"相应功能投入，置"0"相应功能退出。具体说明如下：

（1）控制字的说明。从序号 19～22 可以看出，只投入 10kV 备用电源自动投入功能，序号 23 控制字设为"0"说明断路器没有设置联跳出口，从序号 24～26 可以看出该保护装置投入了过电流Ⅰ段保护而没有投入零序过电流保护，其原因是本例中的 10kV 系统采用中性点不接地运行方式，单相接地电流接近于 0。另外该保护不经低压闭锁，序号 27、28 分别设置为"1"和"0"，说明装置投入了过电流加速段，以提高合闸于故障母线时的跳闸速度，但是没有投入对应的低压闭锁；序号 29、30 说明该装置没有投入零序加速段，也相应的没有投入低压闭锁功能；序号 31 设置为"1"、序号 32 设置为"0"，即在 10kV 分段开关由分位变为合位时，该保护开放，1s 后退出；序号 33 说明该装置投入了充电保护功能，在母线分段断路器向备用母线充电时提供保护。

（2）定值的说明。根据控制字，能发现该装置零序过电流段保护和零序加速度段保护没有投入运行，过电流Ⅰ段保护和过电流加速度段保护不经低压闭锁。相应的整定参数需要与该装置相响应，具体设置说明如下：序号 1、2 参数。有压定值整定值为 70V。当装置的过电压元件检测到备用母线电压高于整定值时，才认为备用母线有电压。无压启动定值整定为 30V。当装置的低电压元件检测到工作母线的电压低于整定值或失压时，备用电压投入；相反则退出使用。序号 3、4 参数。备自投的两种工作方式的跳闸时限都为 3s。两种方式的跳闸时限都应确保系统可以躲过母线电压扰动，还要考虑线路保护动作延时和适当裕量。序号 5 参数。合闸时限设置为 0s。合闸时限是指在方式 1 或方式 2 的跳闸完成后，合上母线分段断路器之前的这段时间。序号 6 参数。后加速低压闭锁定值，设定为最大值，即该装置所能设置的最大数值。这是因为本次保护并没有投入任何相应的低压闭锁装置，同时也预防在整定控制字错误的情况下误动作。序号 7、8 参数。过电流Ⅰ段动作值按最小运行方式下 10kV 母线Ⅰ段两相短路电流有 4 倍灵敏度整定。没有特定的要求，无须验证其保护的灵敏性。动作时间设置为 0.1s。序号 9、10 参数。零序过电流定值和时间都按最大值整定。序号 11、12 参数。过电流加速段定值按躲过相邻母线最大负荷电流整定，并需要考虑电机的自启动系数。本例为简化起见，按最小运行方式下 10kV 母线Ⅰ段两相短路电流有 8 倍灵敏度进行整定。相应的动作时间设置为 0s。序号 13～16 参数。由于没有投入相应的功能，所以这些参数的整定值都设置为最大值。序号 17。充电过电流保护整定值取电流互感器二次额定电流为定值，所以一次侧整定值为 600A，二次测整定值为 5A。该整定值用来提供充电保护。序号 18。充电零序过电流保护整定值设置为最大值。

表 2-4　　　　　　　　　　　母线分段保护整定结果表

序号	项目	参数	序号	项目	参数
1	有压定值	70V	13	后加速零序电压闭锁定值	最大值
2	无压启动定值	30V	14	零序加速段定值	最大值
3	方式 1 跳闸时限	3s	15	零序加速段时间	最大值
4	方式 2 跳闸时限	3s	16	联跳出口时间	最大值
5	合闸时限	0s	17	充电过电流定值	5A
6	后加速低压闭锁定值	最大值	18	充电零序过电流定值	最大值
7	过电流Ⅰ段定值	26A	19	35kV 方式 1	0
8	过电流Ⅰ段时间	0.1s	20	35kV 方式 2	0
9	零序过电流定值	最大值	21	10kV 方式 1	1
10	零序过电流时间	最大值	22	10kV 方式 2	1
11	过电流加速段定值	13A	23	联跳出口	0
12	过电流加速段时间	0s	24	过电流Ⅰ段	1

序号	项目	参数	序号	项目	参数
25	过电流Ⅰ段经低压闭锁	0	30	零序加速段经零序压闭锁	0
26	零序过电流段	0	31	35kV加速保护方式	1
27	过电流加速段	1	32	10kV加速保护方式	0
28	过电流加速度段经低压闭锁	0	33	充电保护	1
29	零序加速段	0			

2.3 110kV 线路整定计算示例

与 10kV 线路相比，110kV 线路上发生故障对于系统的暂态稳定影响程度更大，对于保护的性能要求更高，110kV 线路典型配置是相间距离保护、零序电流保护及接地距离保护、三相一次重合闸、过负荷告警以及跳合闸操作回路、交流电压切换回路等。

2.3.1 整定对象与任务

1. 整定对象

如图 2-3 所示为 110kV 双侧电源多级串供线路计算网络，图中线路 L1 为系统联络线，T 接变电站中变压器记为 T1，升压站中变压器记为 T2，变压器 T2 中性点接地运行，所有网络参数归算至平均额定电压 115kV，基准容量是 100MVA。

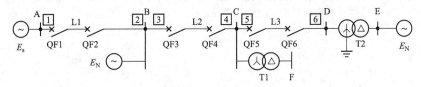

图 2-3　110kV 双侧电源多级串供线路计算网络

2. 整定任务

本次整定任务是对线路 L2 的保护 3 进行保护整定，包括零序电流保护，相间距离保护和接地距离保护。本次零序电流保护采用三段式保护，Ⅰ段为无时限零序电流速断保护，Ⅱ段为零序电流限时速断保护，Ⅲ段为零序过电流保护。本次距离保护也采用三段式配置，距离Ⅰ、Ⅱ段作为线路主保护，距离Ⅲ段作为后备保护。

已知条件见表 2-5、表 2-6。对线路 L2 的保护 3 的整定需要与线路 L3 保护 5 整定值相配合。由于保护 5 零序电流Ⅱ段没有相邻线路配合，故不设保护Ⅱ段，线路 L2 末端接地故障电流流过保护的 3 倍最大零序电流值即 C 母线最大运行方式下单相接地故障电流值，线路 L2 末端接地电流流过保护的 3 倍最小零序电流值即 C 母线最小运行方式下单相接地故障电流值（电流值的选取应先计算出 C 母线分别在最大运行方式和最小运行方式对应的单相接地故障电流值和两相接地短路电流值，比较得知）。保护 5 相间距离保护和接地距离保护整定值相同，表 2-5 中所示定值为一次值。线路 BC 阻抗值为 6Ω，线路 CD 阻抗值为 8Ω，变压器阻抗为 72.738Ω。接地距离保护的整定计算需要考虑零序电流补偿，而零序补偿系数 K 值的准确性不易满足，所以在整定时应综合考虑这些因素，可靠系数的选择都考虑更大的裕度。互感器变比已折算成具体数值。

表 2-5   保护 5 保护定值（二次值）

项目保护	相间距离		接地距离		零序电流	
	定值（Ω）	时间（s）	定值（Ω）	时间（s）	定值（A）	时间（s）
Ⅰ段	2.4	0	2.4	0	3.96	0
Ⅱ段	2.4	0	2.4	0	不装设	不装设
Ⅲ段	9.05	1	9.05	1	1.56	0.3

表 2-6   110kV 线路 L2 保护 3 整定已知参数表

序号	变量定义	变量名	变量值	单位
1	C 母线接地故障时，流过保护 3 的最大 3 倍零序电流（一次值）		1988	A
2	C 母线接地故障时，流过保护 3 的最小 3 倍零序电流（一次值）		1568	A
3	D 母线接地短路时，流过保护 5 的最小 3 倍零序电流（一次值）		712	A
4	保护 5 零序电流保护Ⅰ段定值（一次值）	$I_{\text{op.5.p}}^{\text{I}}$	475	A
5	保护 5 零序电流保护Ⅲ段定值（一次值）	$I_{\text{op.5.p}}^{\text{II}}$	187.2	A
6	线路 BC 阻抗值		6	Ω
7	线路 CD 阻抗值		8	Ω
8	变压器 T1 阻抗		72.738	Ω
9	保护 5 距离保护Ⅰ段定值（一次值）	$Z_{\text{set.5.p}}^{\text{I}}$	22	Ω
10	保护 5 距离保护Ⅱ段定值（一次值）	$Z_{\text{set.5.p}}^{\text{II}}$	22	Ω
11	保护 5 距离保护Ⅲ段定值（一次值）	$Z_{\text{set.5.p}}^{\text{III}}$	119	Ω
12	流经线路 L2 最大负荷电流		515	A
13	线路 L2 保护用电流互感器变比		120	无
14	线路 L2 保护用电压互感器变比		1100	无

2.3.2
RCS 941系列高压输电
线路成套保护装置

2.3.2 保护装置简介

本例中采用南瑞继保生产的 RCS 941 装置为例进行说明。RCS 941 可用作 110kV 输电线路的主保护和后备保护，它包括完整的三段相间距离保护、三段接地距离保护、四段零序方向过电流保护和低频减载保护；装置配有三相一次重合闸、过负荷告警；装置还带有跳合闸操作回路及交流电压切换回路。

启动元件主体由反应相间工频变化量的过电流继电器实现，同时又配以反应序电流的零序过电流继电器和负序过电流继电器互相补充。由于在正常运行时，不平衡分量很小，而装置有很高的灵敏度，无论故障发生在本线路上、下一级线路或保护安装处背后的线路上，保护装置都将启动，开放出口继电器电源并维持 7s 的时间，有效提高了继电保护的可靠性。

（1）电流变化量启动元件。相间电流变化量大于整定值时该元件动作。

（2）零序过电流元件启动。当外接和自产零序电流均大于整定值，且无电流断线时，该元件动作。

（3）负序过电流启动元件。当负序电流大于整定值时，经 40ms 延时，该元件动作。

（4）低周（低频率）启动元件。当低周保护投入，系统频率低于整定值，且无低电压闭锁和滑差闭锁时，低周启动元件动作。

（5）低压元件启动。当低压保护投入，系统电压低于整定值，且无滑压（du/dt）闭锁和电压不平衡时，低压启动元件动作展宽 200ms，并开放出口继电器正电源。

（6）重合闸启动。当装置满足重合闸条件后，则展宽 10min，在此时间内，若有重合闸动作则开放出口继电器正电源 500ms。

本装置设有三阶段式相间、接地距离阻抗元件和两个作为远后备的四边形相间、接地距离阻抗元件。在距离保护安装处非常近的地方发生故障时，对于方向阻抗元件，有可能因为测量电压过低向造成保护无法动作，称为"动作死区"。本装置阻抗元件采用正序电压极化原理（可粗略地理解为用故障前电压代替实际测量电压以满足动作条件），正方向故障无死区，反方向故障无误动，即使在出口短路也能有效地进行阻抗测量，并有较大的测量故障过渡电阻的能力，该功能是装置自身具有的，不需要另行整定。

对于零序电流保护，单电源线路无需考虑方向性保护的问题，但对于本例，则就需要通过方向元件来判别故障方向。本装置设置了四个带延时段的零序方向过电流保护，各段零序可由用户选择经或不经方向元件控制。

2.3.3 整定思路

1. 110kV 零序电流保护

线路 L3 设置零序电流速断保护和零序电流过电流保护作为线路的主保护，不设置零序电流限时速断保护。在对 L2 线路整定时，保护 II 段与 L3 线路保护 I 段配合，保护 III 段则要考虑与 L3 线路保护 III 段配合。零序电流不反应三相短路和两相短路，在线路正常运行和系统发生振荡时也没有零序电流，所以零序电流保护有较好的灵敏度。但它受到运行方式的影响较大，灵敏度也会因此受到影响。一般在进行整定计算前，要先获得系统在最大运行方式下、最小运行方式下被保护线路末端发生接地故障时流过保护的 3 倍零序电流值，本例已提供此值，故先不用考虑。双侧电源复杂电网的线路零序电流保护一般采用四段式或三段式保护，本例整定时采用三段式保护。线路 L2 末端有两个分支，一条接线路，另一条接 T 接变电站，而此变电站中性点不接地运行，线路中发生接地故障时，没有零序电流流经变压器 T1，因此零序电流保护不受分支电流的影响。零序电流保护的整定计算保护 I 段和 II 段带方向，III 段不带方向。

2. 110kV 距离保护

与零序电流保护相比，运行方式变化对距离保护的影响较小，可以获得较为稳定的灵敏度。距离保护的第 I 段除 T 接线外不受运行方式变化的影响，距离保护的第 II、III 段的保护范围由于分支电流的影响，所以在一定程度上将受到运行方式变化的影响，尤其在多电源及环网中受到较大影响，对开环运行的辐射性电网将会有较稳定的保护范围。分支电流的影响，在整定计算中以分支系数体现，距离 II 段的动作阻抗整定时取最小分支系数，距离 III 段作远后备保护时，灵敏度校验时取最大分支系数。本次整定对象为具有双侧电源的单回线路，采用三段式相间距离保护作为相间故障的保护，距离 I 段和距离 II 段共同作为主保护，距离 III 段作为后备保护。采用三段式接地距离保护，其配置与相间距离保护类似。L2 线路整定时，分支系数取为 1。

2.3.4 线路 L2 保护 3 零序电流保护整定

1. 零序电流保护 I 段

(1) 动作电流。动作电流 $I_{\mathrm{op.3.p}}^{\mathrm{I}}$ 按躲开线路 L2 末端短路流过保护 3 的最大零序电流整定，即

$$I_{\mathrm{op.3.p}}^{\mathrm{I}} = K_{\mathrm{rel}} \times 3I_{\mathrm{O.C.max}} \tag{2-22}$$

式中：K_{rel} 为可靠系数，取 1.3；$3I_{\mathrm{O.C.max}}$ 为母线 C 处发生接地故障时，流过保护 3 的最大三倍零序电流，取 1988A。

动作电流 $I_{\mathrm{op.3.p}}^{\mathrm{I}}$ 整定结果为

$$I_{\mathrm{op.3.p}}^{\mathrm{I}} = 1.3 \times 1988 = 2584.4(\mathrm{A})$$

对应动作电流二次值 $I_{\mathrm{op.3.s}}^{\mathrm{I}}$ 为

$$I_{\mathrm{op.3.s}}^{\mathrm{I}} = \frac{2584.4}{120} = 21.54(\mathrm{A})$$

$I_{\mathrm{op.3.s}}^{\mathrm{I}}$ 对应装置中的定值名称为零序过电流 I 段定值，其值设置为 21.54A。

(2) 动作时限。动作延时为 $t_3^{\mathrm{I}} = 0$s。对应装置中的定值名称为零序过电流 I 段时间，其值设置为 0s。

2. 零序电流保护 II 段

(1) 动作电流。动作电流 $I_{\mathrm{op.3.p}}^{\mathrm{II}}$ 按躲过相邻线路 L3 的 I 段动作电流配合整定，即

$$I_{\mathrm{op.3.p}}^{\mathrm{II}} = K_{\mathrm{rel}} K_{\mathrm{br.max}} I_{\mathrm{op.3.p}}^{\mathrm{I}} \tag{2-23}$$

式中：K_{rel} 为可靠系数，取 1.1；$K_{\mathrm{br.max}}$ 为最大分支系数，取 1；$I_{\mathrm{op.3.p}}^{\mathrm{I}}$ 为线路 L3 零序电流保护 I 段整定值，取 475A。

本例中，动作电流 $I_{\mathrm{op.3.p}}^{\mathrm{II}}$ 整定结果为

$$I_{\mathrm{op.3.p}}^{\mathrm{II}} = 1.1 \times 1 \times 475 = 522.5(\mathrm{A})$$

对应动作电流二次值 $I_{\mathrm{op.3.p}}^{\mathrm{II}}$ 为

$$I_{\mathrm{op.3.s}}^{\mathrm{II}} = 522.5/120 = 4.35(\mathrm{A})$$

$I_{\mathrm{op.3.s}}^{\mathrm{II}}$ 对应装置中的定值名称为零序过电流 II 段定值，其值设置为 4.35A。

(2) 动作时限。动作延时与线路 L3 零序电流 I 段的动作时限 t_3^{I} 相配合，即

$$t_3^{\mathrm{II}} = t_3^{\mathrm{I}} + \Delta t \tag{2-24}$$

式中：Δt 为时间级差，取 0.3s。

本例中，动作时限 t_3^{II} 为

$$t_3^{\mathrm{II}} = 0.3\mathrm{s}$$

t_3^{II} 对应装置中的定值名称为零序过电流 II 段时间，其值设置为 0.3s。

(3) 灵敏度校验。按被保护线路末端发生接地短路时的最小零序电流来校验，即

$$K_{\mathrm{sen}}^{\mathrm{II}} = \frac{3I_{\mathrm{O.C.min}}}{I_{\mathrm{op.3.p}}^{\mathrm{II}}} \tag{2-25}$$

式中：$3I_{\mathrm{O.C.min}}$ 为母线 C 处发生接地故障时，流过本保护（保护 3）的最小三倍零序电流，取 1568A；$I_{\mathrm{op.3.p}}^{\mathrm{II}}$ 为保护 3 零序电流保护 II 段动作值。

本例中，灵敏度为

$$K_{\mathrm{sen}}^{\mathrm{II}} = \frac{1568}{522.5} = 3 > 1.5，满足要求。$$

3. 零序电流保护Ⅲ段

(1) 动作电流。动作电流 $I_{op.3.p}^{Ⅲ}$ 应按与相邻线路 L3 的Ⅲ段零序电流保护配合整定。

$$I_{op.3.p}^{Ⅲ} = K_{rel}K_{br.max}I_{op.5.p}^{Ⅲ} \tag{2-26}$$

式中：K_{rel} 为可靠系数，取 1.1；$K_{br.max}$ 为零序最大分支系数，取 1；$I_{op.5.p}^{Ⅲ}$ 为保护 5 零序电流保护Ⅲ段动作值。

本例中，动作电流 $I_{op.3.p}^{Ⅲ}$ 整定结果为

$$I_{op.3.p}^{Ⅲ} = 1.1 \times 1 \times 187 = 205.7(A)$$

对应动作电流二次值 $I_{op.3.s}^{Ⅲ}$ 为

$$I_{op.3.s}^{Ⅲ} = \frac{205.7}{120} = 1.7(A)$$

$I_{op.3.s}^{Ⅲ}$ 对应装置中的定值名称为零序过电流Ⅲ段定值，其值设置为 1.7A。

(2) 动作时限。动作延时与保护 5 过电流保护时间 $t_5^{Ⅲ}$ 相配合，即

$$t_3^{Ⅲ} = t_5^{Ⅲ} + \Delta t \tag{2-27}$$

式中：Δt 为时间级差，取 0.3s。

本例中，动作时限 $t_3^{Ⅲ}$ 为

$$t_3^{Ⅲ} = 0.6s$$

$t_3^{Ⅲ}$ 对应装置中的定值名称为零序过电流Ⅲ段时间，其值设置为 0.6s。

(3) 灵敏度校验。作为远后备时，按本线路 L3 末端最小零序电流校验灵敏度，即

$$K_{sen}^{Ⅲ} = \frac{I_{O.D.min}}{I_{op.3.p}^{Ⅲ}} \tag{2-28}$$

式中：$I_{O.D.min}$ 为母线 D 处发生接地故障时，流过保护 5 的最小三倍零序电流，取 712A；$I_{op.3.p}^{Ⅲ}$ 为线路 L2 零序过流保护电流动作值，取 205.7A。

本例中，灵敏度为

$$K_{sen}^{Ⅲ} = \frac{712}{205.7} = 3.46 > 1.5 \text{，满足要求。}$$

2.3.5 线路 L2 保护 3 相间距离保护整定

1. 相间距离保护Ⅰ段

(1) 动作值。动作值 $Z_{set.\varphi\varphi.3.p}^{Ⅰ}$ 按躲开线路 L2 末端短路故障时的测量阻抗，即

$$Z_{set.\varphi\varphi.3.p}^{Ⅰ} = K_{rel}Z_{BC} \tag{2-29}$$

式中：K_{rel} 为可靠系数，取 0.8；Z_{BC} 为 L2 线路的正序阻抗，为 6Ω。

本例中，动作值 $Z_{set.\varphi\varphi.3.p}^{Ⅰ}$ 整定结果为

$$Z_{set.\varphi\varphi.3.p}^{Ⅰ} = 0.8 \times 6 = 4.8(\Omega)$$

对应二次值 $Z_{set.\varphi\varphi.3.s}^{Ⅰ}$ 为

$$Z_{set.\varphi\varphi.3.s}^{Ⅰ} = 4.8 \times \frac{120}{1100} = 0.52(\Omega)$$

$Z_{set.\varphi\varphi.3.s}^{Ⅰ}$ 对应于装置中的定值名称为相间距离Ⅰ段定值，其值设置为 0.52Ω。

(2) 动作时限。动作延时为 $t_{3.\varphi\varphi}^{Ⅰ} = 0s$。对应于装置中的定值名称为相间距离Ⅰ段时间，其值设置为 0s。

2. 相间距离保护Ⅱ段

(1) 动作值。

1）动作值 $Z_{\text{set}.\varphi\varphi.3.\text{p}}^{\text{II}}$ 应与下一线路 L3 距离 I 段相配合，并考虑分支系数对测量阻抗的影响。

$$Z_{\text{set}.\varphi\varphi.3.\text{p}}^{\text{II}} = K_{\text{rel}}(Z_{\text{BC}} + K_{\text{b}}Z_{\text{set}.5.\text{p}}^{\text{I}}) \qquad (2-30)$$

式中：K_{rel} 为可靠系数，取 0.8；Z_{BC} 为线路 L2 的正序阻抗，为 6Ω；K_{b} 为分支系数，为保证任何情况下保护选择性，应选用实际可能的较小值，取 1；$Z_{\text{set}.5.\text{p}}^{\text{I}}$ 为线路 L3 距离 I 段的整定阻抗。

本例中，动作值 $Z_{\text{set}.\varphi\varphi.3.\text{p}}^{\text{II}}$ 整定结果为

$$Z_{\text{set}.\varphi\varphi.3.\text{p}}^{\text{II}} = 0.8 \times (6 + 1 \times 22) = 22.4(\Omega)$$

对应二次值 $Z_{\text{set}.\varphi\varphi.3.\text{s}}^{\text{II}}$ 为

$$Z_{\text{set}.\varphi\varphi.3.\text{s}}^{\text{II}} = 22.4 \times \frac{120}{1100} = 2.44(\Omega)$$

2）动作值 $Z_{\text{set}.\varphi\varphi.3.\text{p}}^{\text{II}}$ 应躲过本线路末端变电站低压母线上短路故障。

$$Z_{\text{set}.\varphi\varphi.3.\text{p}}^{\text{II}} = K_{\text{rel}}Z_{\text{BC}} + K_{\text{rel}}'K_{\text{b}}Z_{\text{T}} \qquad (2-31)$$

式中：K_{rel} 为可靠系数，取 0.8；Z_{BC} 为线路 L2 的正序阻抗，取 6Ω；K_{b} 为分支系数，为保证任何情况下保护选择性，应选用实际可能的较小值，取 1；K_{rel}' 为变压器可靠系数，取 0.7；Z_{T} 为变压器的阻抗，取 72.738Ω。

本例中，动作值 $Z_{\text{set}.\varphi\varphi.3.\text{p}}^{\text{II}}$ 整定结果为

$$Z_{\text{set}.\varphi\varphi.3.\text{p}}^{\text{II}} = 0.8 \times 6 + 0.7 \times 1 \times 72.738 = 55.72(\Omega)$$

对应二次值 $Z_{\text{set}.\varphi\varphi.3.\text{s}}^{\text{II}}$ 为

$$Z_{\text{set}.\varphi\varphi.3.\text{s}}^{\text{II}} = 55.72 \times \frac{120}{1100} = 6.08(\Omega)$$

因此，相间距离保护 II 段的动作阻抗一次值 $Z_{\text{set}.\varphi\varphi.3.\text{p}}^{\text{II}}$ 取较小值，为 22.4Ω。对应二次值 $Z_{\text{set}.\varphi\varphi.3.\text{s}}^{\text{II}}$ 为 2.44Ω。$Z_{\text{set}.\varphi\varphi.3.\text{s}}^{\text{II}}$ 对应装置的定值名称为相间距离 II 段定值，其值设置为 2.44Ω。

（2）动作时限。动作延时与线路 L3 相间距离 I 段的动作时限 $t_{5.\varphi\varphi}^{\text{I}}$ 相配合。

$$t_{3.\varphi\varphi}^{\text{II}} = t_{5.\varphi\varphi}^{\text{I}} + \Delta t \qquad (2-32)$$

式中：Δt 为时间级差，取 0.3s。

本例中，动作时限 $t_{3.\varphi\varphi}^{\text{II}}$ 为

$$t_{3.\varphi\varphi}^{\text{II}} = 0.3\text{s}$$

$t_{3.\varphi\varphi}^{\text{II}}$ 对应于装置的定值名称为相间距离 II 段时间，其值设置为 0.3s。

（3）灵敏度校验。按被保护线路末端发生短路来校验，即

$$K_{\text{sen}}^{\text{II}} = \frac{Z_{\text{set}.\varphi\varphi.3.\text{p}}^{\text{II}}}{Z_{\text{BC}}} \qquad (2-33)$$

式中：$Z_{\text{set}.\varphi\varphi.3.\text{p}}^{\text{II}}$ 为线路 L2 距离保护 II 段动作值；Z_{BC} 为线路 BC 的正序阻抗。

本例中，灵敏度为

$$K_{\text{sen}}^{\text{II}} = \frac{22.4}{6} = 3.73 > 1.5 \text{，满足要求。}$$

3. 相间距离保护 III 段

（1）动作值。

1）动作值 $Z_{\text{set}.\varphi\varphi.3.\text{p}}^{\text{III}}$ 应与下一线路 L3 距离 III 段相配合。

$$Z_{\text{set}.\varphi\varphi.3.\text{p}}^{\text{III}} = K_{\text{rel}}(Z_{\text{BC}} + K_{\text{b}}Z_{\text{set}.5.\text{p}}^{\text{III}}) \qquad (2-34)$$

式中：K_{rel} 为可靠系数，取 0.8；Z_{BC} 为线路 L2 的正序阻抗，取 6Ω；K_b 为分支系数，为保证任何情况下保护选择性，应选用实际可能的较小值，取 1；$Z^{\text{III}}_{set.5.p}$ 为线路 L3 距离III段的整定阻抗，取 119Ω。

本例中，动作值 $Z^{\text{III}}_{set.\varphi\varphi.3.p}$ 整定结果为

$$Z^{\text{III}}_{set.\varphi\varphi.3.p} = 0.8 \times (6 + 1 \times 119) = 100(\Omega)$$

对应二次值 $Z^{\text{III}}_{set.\varphi\varphi.3.s}$ 为

$$Z^{\text{III}}_{set.\varphi\varphi.3.s} = 100 \times \frac{120}{1100} = 10.9(\Omega)$$

2) 动作值 $Z^{\text{III}}_{set.\varphi\varphi.3.p}$ 应躲过本线路的最大负荷电流，即

$$Z^{\text{III}}_{set.\varphi\varphi.3.p} = \frac{1}{K_{rel}K_{re}K_{ast}} Z_{l.min} \qquad (2-35)$$

$$Z_{l.min} = \frac{0.9U_N}{I_{l.max}} \qquad (2-36)$$

式中：K_{rel} 为可靠系数，取 1.2；K_{re} 为阻抗继电器返回系数，取 1.2；K_{ast} 为故障切除后电动机的自起动系数；U_N 为最低允许运行电压，取额定电压的 90%；$I_{l.max}$ 为流经被保护线路的最大负荷电流，取 515A。

本例中，动作值 $Z^{\text{III}}_{set.\varphi\varphi.3.p}$ 整定结果为

$$Z^{\text{III}}_{set.\varphi\varphi.3.p} = \frac{0.9 \times 110000}{\sqrt{3} \times 1.2 \times 1.2 \times 515} = 77(\Omega)$$

对应二次值 $Z^{\text{III}}_{set.\varphi\varphi.3.s}$ 为

$$Z^{\text{III}}_{set.\varphi\varphi.3.s} = 77 \times \frac{120}{1100} = 8.4(\Omega)$$

因此，相间距离III段的动作一次值 $Z^{\text{III}}_{set.\varphi\varphi.3.p}$ 取较大值 100Ω，对应二次值 $Z^{\text{III}}_{set.\varphi\varphi.3.s}$ 为 10.9Ω。$Z^{\text{III}}_{set.\varphi\varphi.3.s}$ 对应装置中的定值名称为相间距离III定值，其值设置为 10.9Ω。

（2）动作时限。动作延时与线路 L3 相间距离III段的动作时限 $t^{\text{III}}_{5.\varphi\varphi}$ 相配合，即

$$t^{\text{III}}_{3.\varphi\varphi} = t^{\text{III}}_{5.\varphi\varphi} + \Delta t \qquad (2-37)$$

式中：Δt 为时间级差，取 0.3s。

本例中，动作时限 $t^{\text{III}}_{3.\varphi\varphi}$ 为

$$t^{\text{III}}_{3.\varphi\varphi} = 1.3s$$

$t^{\text{III}}_{3.\varphi\varphi}$ 对应装置中的定值名称为相间距离III段时间，其值设置为 1.3s。

（3）灵敏度校验。

1) 按被保护线路相邻线路 L3 末端发生短路来校验，即

$$K^{\text{III}}_{sen} = \frac{Z^{\text{III}}_{set.\varphi\varphi.3.p}}{Z_{BD}} \qquad (2-38)$$

式中：$Z^{\text{III}}_{set.\varphi\varphi.3.p}$ 为线路 L2 距离保护III段动作值；Z_{BD} 为线路 BD 的正序阻抗，取 14。

本例中，灵敏度为

$$K^{\text{III}}_{sen} = \frac{100}{14} = 7.14 > 1.5 ，满足要求。$$

2) 变压器灵敏度校验，有

$$K^{\text{III}}_{sen} = \frac{Z^{\text{III}}_{set.\varphi\varphi.3.p}}{Z_{BC} + Z_{T1}} \qquad (2-39)$$

式中：$Z_{\mathrm{set}.\varphi\varphi.3.\mathrm{p}}^{\mathrm{III}}$ 为线路 L2 距离保护 III 段动作值。

本例中，灵敏度为

$$K_{\mathrm{sen}}^{\mathrm{III}} = \frac{100}{6 + 72.738} = 7.14 > 1.2 \text{，满足要求。}$$

2.3.6　线路 L2 保护 3 接地距离保护整定

1. 接地距离保护 I 段

同相间距离保护 I 段。

2. 接地距离保护 II 段

动作值 $Z_{\mathrm{set}.\varphi.3.\mathrm{p}}^{\mathrm{II}}$ 应与下一线路 L3 距离 I 段相配合，并考虑分支系数对测量阻抗的影响，因本线路末端变电站低压母线接地时，无故障电流存在。故不再与相邻变压器配合，因此整定值同相间距离。

3. 接地距离保护 III 段

（1）动作值。动作值 $Z_{\mathrm{set}.\varphi.3.\mathrm{p}}^{\mathrm{III}}$ 应与下一线路 L3 距离 III 段相配合。

$$Z_{\mathrm{set}.\varphi.3.\mathrm{p}}^{\mathrm{III}} = K_{\mathrm{rel}}(Z_{\mathrm{BC}} + K_{\mathrm{b}}Z_{\mathrm{set}.5.\mathrm{p}}^{\mathrm{III}}) \tag{2-40}$$

式中：K_{rel} 为可靠系数，取 0.7；Z_{BC} 为线路 L2 的正序阻抗，取 6Ω；K_{b} 为分支系数，为保证任何情况下保护选择性，应选用实际可能的较小值，取 1；$Z_{\mathrm{set}.5.\mathrm{p}}^{\mathrm{III}}$ 为线路 L3 距离 III 段的整定阻抗，取 119Ω。

本例中，动作值 $Z_{\mathrm{set}.\varphi.3.\mathrm{p}}^{\mathrm{III}}$ 整定结果为

$$Z_{\mathrm{set}.\varphi.3.\mathrm{p}}^{\mathrm{III}} = 0.7 \times (6 + 1 \times 119) = 87.5(\Omega)$$

对应二次值 $Z_{\mathrm{set}.\varphi.3.\mathrm{s}}^{\mathrm{III}}$ 为

$$Z_{\mathrm{set}.\varphi.3.\mathrm{s}}^{\mathrm{III}} = 87.5 \times \frac{120}{1100} = 9.55(\Omega)$$

$Z_{\mathrm{set}.\varphi.3.\mathrm{s}}^{\mathrm{III}}$ 对应装置中的定值名称为接地距离 III 段定值，其值设置为 9.55Ω。

（2）动作时限。动作延时与线路 L3 接地距离 III 段的动作时限 $t_{5.\varphi}^{\mathrm{III}}$ 相配合，即

$$t_{3.\varphi}^{\mathrm{III}} = t_{5.\varphi}^{\mathrm{III}} + \Delta t \tag{2-41}$$

式中：Δt 为时间级差，取 0.3s。

本例中，动作时限 $t_{3.\varphi}^{\mathrm{III}}$ 为

$$t_{3.\varphi}^{\mathrm{III}} = 1.3\mathrm{s}$$

$t_{3.\varphi}^{\mathrm{III}}$ 对应装置中的定值名称为相间距离 III 段时间，其值设置为 1.3s。

（3）灵敏度校验。按被保护线路相邻线路 L3 末端发生接地短路来校验，即

$$K_{\mathrm{sen}}^{\mathrm{III}} = \frac{Z_{\mathrm{set}.\varphi.3.\mathrm{p}}^{\mathrm{III}}}{Z_{\mathrm{BD}}} \tag{2-42}$$

式中：$Z_{\mathrm{set}.\varphi.3.\mathrm{p}}^{\mathrm{III}}$ 为线路 L2 接地距离保护 III 段动作值；Z_{BD} 为线路 BD 的正序阻抗，取 14Ω。

本例中，灵敏度为

$$K_{\mathrm{sen}}^{\mathrm{III}} = \frac{87.5}{14} = 6.25 > 1.5 \text{，满足要求}$$

2.3.7　线路 L2 保护 3 其他参数的整定

1. 启动值

（1）电流变化量启动值。按躲过正常负荷电流波动最大值整定，一般整定值取 0.1 倍的二次额定电流值。二次额定电流值为 5A，所以电流变化量启动值设置为 0.5A。

（2）负序启动电流值。按躲过最大零序不平衡电流整定，取 0.1 倍的二次零序电流值。二次额定电流值为 5A，所以负序电流启动值设置为 0.5A。

（3）零序启动电流值。同负序启动电流整定原则，零序电流启动值设置为 0.5A。

2. 零序补偿系数

零序补偿系数 K 按线路零序和正序阻抗值整定，即

$$K = \frac{Z_0 - Z_1}{3Z_1} \tag{2-43}$$

式中：Z_0 为线路 L2 的零序阻抗值；Z_1 为线路 L2 的正序阻抗值。

本例中，已知零序阻抗是正序阻抗的 3 倍，相当于已获得实测值。因此，零序补偿系数直接整定为 0.667。

2.3.8 整定结果的说明

线路 L2 保护 3 整定结果点（部分）见表 2-7，因本次整定主要涉及距离保护与零序电流保护，为防止混淆，未对保护装置中的纵联保护部分、四边性特

RCS 941-110定值单示例供参考

性部分、相位偏移、线路长度、重合闸延时、正序阻抗、零序阻抗等参数加以整定，留给学生们在具体设计时，参照保护原理及说明书进行整定，表中未列出。

表 2-7   线路 L2 保护 3 整定结果表（部分）

序号	项目	参数	序号	项目	参数
1	电流变化量启动值	0.5A	20	零序过电流Ⅲ 段定值	1.7A
2	零序启动电流	0.5A	21	零序过电流Ⅲ 段时间	0.6s
3	负序启动电流	0.5A	22	投振荡闭锁	0
4	零序补偿系数	0.667	23	投Ⅰ段接地距离	1
5	接地距离Ⅰ段定值	0.52Ω	24	投Ⅱ段接地距离	1
6	距离Ⅰ段时间	0s	25	投Ⅲ段接地距离	1
7	接地距离Ⅱ段定值	2.44Ω	26	投Ⅰ段相间距离	1
8	接地距离Ⅱ段时间	0.3A	27	投Ⅱ段相间距离	1
9	接地距离Ⅲ段定值	9.55Ω	28	投Ⅲ段相间距离	1
10	接地距离Ⅲ段时间	1.3s	29	重合闸加速Ⅱ段距离	0
11	相间距离Ⅰ段定值	0.52Ω	30	重合闸加速Ⅲ段距离	0
12	相间距离Ⅱ段定值	2.44Ω	31	双回路相继速动	0
13	相间距离Ⅱ段时间	0.3s	32	不对称相继速动	0
14	相间距离Ⅲ段定值	10.9Ω	33	投Ⅰ段零序方向	1
15	相间距离Ⅲ段时间	1.3s	34	投Ⅱ段零序方向	1
16	零序过电流Ⅰ 段定值	21.5A	35	投Ⅲ段零序方向	1
17	零序过电流Ⅰ 段时间	0s	36	投Ⅳ段零序方向	1
18	零序过电流Ⅱ 段定值	4.4A	37	投相电流过负荷	0
19	零序过电流Ⅱ 段时间	0.3s	38	投低频保护	0

续表

序号	项目	参数	序号	项目	参数
39	投低频转差闭锁	0	45	投重合闸不检	1
40	投重合闸	1	46	TV 断线保留零序Ⅰ段	1
41	投检同期方式	0	47	TV 断线闭锁重合闸	0
42	检线无压母有压	0	48	Ⅲ段及以上闭锁重合	0
43	检母无压线有压	0	49	多相故障闭锁重合	0
44	检线无压母无压	0			

表 2-7 所示的"整定值"含有两个部分，序号 1～21 为保护定值及功能定值；序号 22～49 为整定控制字，置"1"相应功能投入，置"0"相应功能退出。具体说明如下：

（1）控制字的说明。序号 22 控制字设为 0，说明线路不投振荡闭锁功能，110kV 线路一般不存在系统振荡的可能性；序号 23～28 控制字设为 1，说明线路相间距离保护和接地距离保护均投入；序号 29 控制字设为 0，序号 30 控制字设为 1，说明Ⅱ段重合闸后带加速保护跳闸功能，Ⅲ段重合闸后不设加速保护跳闸功能；序号 31、32 控制字为 0，说明线路相继速动不投入；序号 33～36 控制字设为 1，说明三段式零序电流保护均投入方向闭锁功能；序号 37 控制字为 0，说明本保护不投入过负荷告警功能；序号 38～39 控制字说明本保护不投入低频率减负荷功能，因此不需要投入滑差闭锁功能；序号 40～45 控制字代表本装置将采用三相自动重合闸元件，采用不检重合，重合后加速距离保护Ⅲ段的功能；序号 46～49 控制字说明电压互感器断线时重合闸将闭锁，多相故障或Ⅲ段保护动作时，认为此时故障一定是永久性的，重合闸因此闭锁。

（2）定值的说明。序号 1～3 为启动电流定值设为 0.5A；序号 4 为零序补偿系数为 0.667；序号 5～10 参数是三段式接地距离保护的整定值和动作时限；序号 11～15 参数是三段式相间距离保护的整定值和动作时限，注意Ⅰ、Ⅱ段保护定值及动作时限同三段式接地距离保护，而Ⅲ段保护定值有所区别；序号 16～21 参数是三段式零序电流保护的整定值和动作时限。

2.4　整定计算任务示例

基于 PSCAD 软件的 10kV 配电系统故障仿真

10kV 线路可根据某一地区配电网的实际参数进行整定，其核心部分为系统等值阻抗与线路的长度等。一般不考虑分布式电源接入对电流保护的影响，线路按单侧电源馈线考虑。本节仅给出部分 110kV 线路整定任务示例，所给出的示例仅供参考，由指导教师根据设计要求自行拟订。

2.4.1　整定任务 1

网络接线如图 2-3 所示，短路电流计算结果见表 2-8、表 2-9。试根据所给参数对图中的保护 5 的进行三段式零序电流保护整定计算。

表 2-8 最大运行方式下零序电流表

	A (k1)	B (k1)	C (k1)	D (k1)	A (k1, 1)	B (k1, 1)	C (k1, 1)	D (k1, 1)
L1 支路	784	2580	1419	646	952	2492	1334	702
L2 支路	405	1107	1988	905	492	1069	1868	983
L3 支路	405	1107	1619	905	492	1069	1522	983

注 表中为三倍零序电流值，前四项为单相接地，后四项为两相接地，单位为 A。

表 2-9 最小运行方式下零序电流表

	A (k1)	B (k1)	C (k1)	D (k1)	A (k1, 1)	B (k1, 1)	C (k1, 1)	D (k1, 1)
L1 支路	530	7906	1112	505	737	2106	1172	606
L2 支路	274	837	1568	712	381	925	1653	855
L3 支路	274	837	1289	712	381	925	1359	855

注 表中为三倍零序电流值，前四项为单相接地，后四项为两相接地，单位为 A。

2.4.2 整定任务 2

某 110kV 系统结构示意如图 2-4 所示，已知系统等值阻抗 $Z_A = 10\Omega$，$Z_{B.min} = 30\Omega$、最大阻抗为无穷大；线路的正序阻抗 $Z_1 = 0.45\Omega/km$，阻抗角 $\varphi_k = 65°$；线路上采用三段式距离保护，阻抗元件均采用方向阻抗继电器，继电器最灵敏角 $\varphi_{sen} = 65°$；保护 B

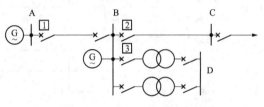

图 2-4 某 110kV 系统结构示意图

的Ⅲ段时限为 2s；线路 AB、BC 的最大负荷电流 $I_{L.max} = 400A$，负荷自启动系数为 2，负荷的功率因数 $\cos\varphi = 0.9$；变压器采用差动保护，变压器容量 $2 \times 15MVA$、电压比 110/6.6kV、电压阻抗百分数 $U_k\% = 10.5\%$。

试求保护 A 各段动作阻抗、灵敏度及时限。

2.4.3 整定任务 3

110kV 系统接线简图如图 2-5 所示：①进行各元件标幺值参数计算时，基准容量选择

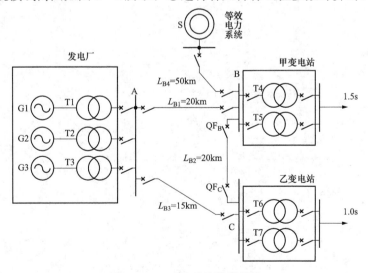

图 2-5 110kV 系统接线简图

$S=100\text{MVA}$，电压选择所在电压等级的平均额定电压。②各线路的负荷自启动系数 $K_{ss}=1.5$；③发电厂各发电机组的次暂态电抗均为 $X_d''=0.129$（按自身额定容量的标幺值）；功率因数为均为 0.85。最大发电容量为 3 台同时投运，最小发电容量为退出一台发电机组。④各变电站引出线上的后备保护动作时间如图 2 - 5 所示，后备保护的时限级差 $\Delta t=0.5\text{s}$；⑤线路的正序电抗均为 $0.4\Omega/\text{km}$；零序阻抗为 $1.2\Omega/\text{km}$；⑥电压互感器的变比 $n_{\text{TV}}=110/0.1\text{kV}$，线路电流互感器变比可根据线路额定电流选择。⑦系统最大及最小的正序、零序等值阻抗都已折算到 100MVA 标准容量下，变压器的短路电压百分比按本变压器额定容量给出，两台主变压器的变电站，正常运行时只投入一台，高峰负荷时才投入两台。具体参数见表 2 - 10。

表 2 - 10   整定任务 3 参数表

系统 S 最大运行方式正序阻抗	0.05	变压器 T4（T5）短路电压百分比	10.5%
系统 S 最小运行方式正序阻抗	0.06	变压器 T6（T7）容量	31.5
系统 S 最大运行方式零序阻抗	0.15	变压器 T6（T7）短路电压百分比	10.5%
系统 S 最大运行方式零序阻抗	0.18	线路 SB 长度	50
发电机 G 容量（MW）	50	线路 AB 长度	20
发电机 G 次暂态电抗	0.129	线路 BC 长度	20
主变压器 T 容量（MVA）	63	线路 CA 长度	15
主变压器 T 短路电压百分比	10.5%	开环运行位置	QF_B
变压器 T4（T5）容量	40	整定线路	AB

3 元件保护综合设计

"人必须为自己思考，而不是被外在的宗教或灵性上的权威所左右。"

——范.莫里森

3.1 概 述

3.1.1 需要考虑的问题

相对于输电及配电线路而言，电力元件种类繁多，其保护配置与整定相对复杂。如对于变压器而言，就有主变压器与配电变压器之分。如图 1-1 所示，变电站内设有两台主变压器，继电保护教材中述及的纵差动保护、瓦斯保护、相间后备保护及接地后备等保护，主要是针对该类型变压器，而对于 10kV 母线所接的配电变压器，如某电厂低压厂用母线上所接的配电变压器，它所配置的保护就不再有纵差动保护及瓦斯保护了。同是变压器，其功能不同，电压等级不同。保护配置与整定方案也将大相径庭。

相对于线路保护而言，大型或重要元件如大型发电机、变压器等，都配置有纵差动保护，该保护不需要借助于纵联保护，实现相对简单。其整定计算工作量也相对较小。同时，由于对主保护的速度性要求较高，在其功能设计时，多以被保护对象本身为出发点，一般作为其他保护的后备，如变压器的纵差动保护、发电机的匝间短路保护、失磁保护等。因此，这些保护的整定不再需要考虑与其他保护在整定值上的配合，计算也相对简单。

那么，元件保护的整定到底难在什么地方呢？首先，难在后备保护的整定，需要考虑多种因素，如主变压器有高压侧相间过电流后备，还有低压侧相间过电流后备，涉及变压器各种电压等级，还要考虑是否需要方向闭锁、电压闭锁等。其次，难在保护原理多样性。单就变压器纵差动保护而言，就有单折线，双折线，变斜率等多种制动特性，只有摸清保护原理，整定才能迎刃而解。再次，难在保护功能的取舍，针对保护对象，保护装置说明书会提供多种保护功能供用户选择，如配电变压器是否要用零序电流保护，是否能用、该不该用，这些问题需要综合思考。

综上所述，元件保护配置与整定工作的要点是：

(1) 对保护对象及其所在系统的运行方式进行详细分析，明确整定任务。

(2) 制定保护对象的保护功能配置方案并说明理由。

(3) 根据已学知识结合保护装置说明书，掌握相应保护原理及整定思路。

(4) 根据故障分析结果，进行相应整定计算，并将结果整理到相应定值单表中。

3.1.2 配电变压器保护

配电变压器的保护配置与配电线路的保护配置相似，都是以装设于被保护对象的首端（即电源侧的相间短路保护）为主要保护。由于配电变压器的高压侧电压等级多采用 35、10kV 或 6kV，采用中性点非有效接地系统运行方式。

当变压器高压侧绕组或引出线发生单相接地时，所产生的接地电流很小。所以配电保护零序电流部分无法反应该故障，故在大多数情况下，整定时不需要计算零序电流保护定值。

配电变压器的低压侧电压等级为 0.4kV。变压器中性点为直接接地，发生单相接地时，零序电流很明显。故一般配电变压器保护都配置有低压侧零序电流保护功能。

3.1.3　主变压器保护

有关于主变压器保护的配置说明已很详尽，不再赘述。

纵差动保护是变压器保护整定工作的重点与难点。其要点在于差动速断保护，最小启动电流、比率制动系数、拐点、二次谐波制动系数等。

另外，主变压器纵差动保护必须对变压器的接线组别与相位补偿、数值补偿方式加以考虑。

变压器的相间短路后备多采用复合电压闭锁过电流保护，若欲对该保护加以更深理解，还可以对低电压、负序电压的整定值进行详细地计算。

某些主变压器的保护，对于过电流元件上的电压闭锁条件已能做到灵活切换。如高压侧复合电压，闭锁过电流保护的电压闭锁条件取自变压器其他侧母线。但不是所有保护装置都能做到这一点。这就要我们根据实际情况去考虑，为什么要取另一侧电压，如何取另一侧电压以实现闭锁功能等。

某电厂的升压变压器，其相间后备的方向问题必须加以重视，一般而言，方向应指向被保护对象——变压器，整定计算时不能忘记这一基本任务。那么，如果又要实现对变压器的后备保护，又要对系统的出线实现后备保护，该如何处理呢？

一般方案是：在保留带有功率方向闭锁的复合电压闭锁过电流Ⅰ、Ⅱ段的基础上，将电流保护Ⅲ段设为不带方向闭锁（甚至不带电压闭锁）的过电流，但其动作延时较长。这样无论是变压器侧，还是系统侧发生相间短路，本后备保护均能做出反应。

接地后备保护多采用方向闭锁的零序电流、电压保护，该类保护整定相对复杂，最常见的设计只针对 110kV 降压变压器的高压侧零序电流、电压保护。该类保护应按变压器中性点接地运行与不接地运行两种情况考虑。即变压器接地运行时的零序电流保护及变压器中性点不接地运行时的零序电压保护。对于 220kV 及以上变压器，在某些情况下，还需要在零序电流、电压保护基础上增设零序功率方向闭锁，110kV 变压器则较少采用方向闭锁。

3.1.4　异步电动机保护

在工厂配电系统中，异步电动机被广泛使用。本文所提电动机，主要指 6、10kV 电压等级的异步电动机。与 10kV 配电变压器保护类似，异步电动机的保护主体仍是阶段式相间过电流保护，但在整定时，需要考虑电动机的启动电流倍数，启动时间等因素，如某电动机启动电流倍数为其额定电流的 8 倍，启动时间约为 15s，对于如此大的电流，在保护整定过程中，如按 10～12 倍电流进行整定，势必牺牲保护的灵敏度，而按小倍数电流来整定，又无法躲过启动时间，因此某些保护装置可整定"启动中速断"与"启动后速断"两个定值。

在电动机运行过程中，还有可能出现因机物卡涩而导致的电动机"堵转"现象，对于该现象，某些保护装置还专设有"堵转"保护，需要进行相应的整定。

对于电动机内部轻微的闸间短路故障，可通过负序电流保护加以反应，而三相电压的不平衡，同样会产生负序电流，在整定时应加以区别。

电动机的接地故障与配电变压器接地故障类似，一般无法通过零序电流保护加以反应，不需要整定。

3.1.5 中低压并联电容器组保护

10kV 母线上常配置有并联电容器组以实现无功补偿，其保护的整定多被忽略。实质上并联电容器的工作状态具有高电压场强、满负荷运行、频繁投切等特点，决定了其故障率较高。因此必须进一步加强电容器继电保护的配置、选型和整定计算等工作。

一台电容器的箱壳内部，由若干电容元件并联和串联组成。电容元件极板之间在高电场强度作用下，在薄弱环节处首先产生过热、游离，直到局部击穿。由于个别元件的击穿，与之并联的诸电容元件均被短路。与此同时，与之串联的诸电容元件电压升高，有可能引起新的元件击穿，剩余电容元件上的电压就更高，产生恶性连锁反应，导致一台电容器的贯穿性短路。电容器箱壳内部的故障电流较大，绝缘分解的气体增多，箱壳内部压力增高，轻则发生漏油或"鼓肚"现象，重则引起箱体爆裂、起火，酿成大患。

电容器继电保护一般配置使用限时电流速断保护、过电流保护、过电压保护、低电压保护、反应电容器组内部故障的不平衡保护。其中不平衡保护绝大部分采用了零序电压保护。

3.1.6 同步发电机（发电机变压器组）保护

随着我国能源政策的改变，600 MW 及以上容量机组将逐步成为电网的发电主力军。一台大型同步发电机或发电机变压器组的保护整定计算工作量是很大的，多作为毕业设计题目。小型的火力发电机组多作为清洁能源发电形式存在，其整定工作量相对少一些，可作为课程设计或综合训练题目。

发电机的纵差动保护整定与变压器纵差动保护整定在原理及要求上基本相同，相对更为简单一些。如需进行发电机变压器组保护的整定，则其整定原则与主变压器保护整定原则相同。某些发电机可能采用不完全纵差动保护，其整定难度也不大。

不需要考虑励磁涌流及接线组别等问题。发电机的定子绕组接地、转子绕组接地、匝间短路保护的整定多取经验值，工作量也很小。

发电机保护整定的难点仍在于定子绕组过电流（过负荷）保护、转子表层过负荷保护，因为这些保护既有定时限部分，也有反时限部分，计算相对复杂些。

发电机的失磁保护，目前多采用异步阻抗圆判据，整定工作量相对较小。发电机的失步保护、逆功率、误上电保护等，需要我们更多地掌握其原理，整定难度并不大。

总体来说，完成一台同步发电机保护的整定计算，还是会给你带来相当的成就感！

3.1.7 母线保护

110kV 及以上电压等级的母线，配置有专门的母线差动保护与断路器失灵保护。随着保护数字化的不断发展，母线差动保护的核心原理实质上变成了单母线差动保护原理，其所采用的差动特性为比率制动特性，而其整定要求仍在于最小启动电流的选择与比率制动系数的选择。断路器失灵保护整定的核心内容是过电流元件的整定。总体而言，母线保护的整定相对简单。

有关报告书写法、整定基本原则、系数的取法、常见问题等内容请见上一章第 1 节。

3.2 10kV 配电变压器保护整定计算示例

10kV 配电变压器包括接地变压器、站用变压器、厂用变压器、车间配电变压器、电网配电变压器。由于各种变压器所处位置不同，变压器容量有所差异，继电保护配置也略有不同。

本节所述配电变压器容量较小，保护配置简单，故只对复合电压闭锁过电流部分的整定进行说明。

3.2.1　整定任务

10kV 配电变压器接线示意如图 3-1 所示。DT 为配电变压器，其容量为 1250kV·A，变比为（10000±2×2.5％）/400V，短路电压百分数为 6％。M 母线为某电厂的厂用电母线，处于配电变压器的高压侧。

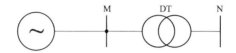

图 3-1　10kV 配电变压器接线示意图

现对其过电流保护进行整定，已知条件见表 3-1。互感器变比已折算成具体数值。

表 3-1　　　　　　　　　　　10kV 配电变压器保护已知参数

序号	变量定义	变量名	变量值	单位
1	M 母线最大运行方式下等值正序阻抗	$Z_{M.min}$	0.344	
2	M 母线最小运行方式下等值正序阻抗	$Z_{M.max}$	0.727	
3	N 母线最大运行方式下的三相短路电流	$I_{F.N.max}^{(3)}$	1069	A
4	M 母线最小运行方式下的两相短路电流	$I_{F.M.min}^{(2)}$	6553	A
5	配电变压器高压侧电流互感器变比	n_{TA}	30	
6	配电变压器高压侧额定电流一次值	$I_{N.DT}$	72	A
7	配电变压器正序阻抗	Z_{DT}	4.8	

PST 693U 变压器保护测控装置

3.2.2　保护装置简介

PST 693U 是一种比较常用的变压器保护测控装置，这种保护装置专门用于 2000kV·A 以下的厂用变压器、站用变压器、接地变压器，也可与各类综合自动化装置配套使用。保护具体配置的功能及常见使用情况为：

（1）三段式复合电压过电流保护。三段式复合电压过电流保护是反应配电变压器内部相间故障的保护。复压启动元件可以提高保护动作可靠性，各相电流经对应线电压或负序电压启动。一般投入运行。

（2）过负荷保护。过负荷保护是反应变压器因过负荷造成异常运行的保护。当某一相电流大于定值时，经延时装置跳闸或发出信号。一般投入运行。

（3）低电压保护。低电压保护是反应供电电压降低或短时中断的保护。当三个线电压均小于定值时，保护经过延时，装置跳闸。

（4）两段式定时限负序过电流保护。两段式定时限负序过电流保护是反应配电变压器发生不对称短路的保护，该保护设有延时。一般 I 段用于跳闸，II 段用于告警。

（5）定时限零序过电流保护。定时限零序过电流保护包括高压侧定时限零序电流保护和低压侧定时限零序过电流保护。高压侧定时限零序电流保护用于非直接接地系统，低压侧定时限零序过电流保护用于直接接地系统。当变压器某侧零序电流 $3I_0$ 过电流大于定值，经延时，装置跳闸或发信。本例不投入此保护。

保护装置的详细原理说明及使用说明书在相应网站上可以获得。

3.2.3 整定思路

变压器的过电流保护和电网保护的相间过电流保护工作原理相同，保护可以分为多段，每段会有一个动作延时。因此变压器过电流保护需要考虑变压器的各种运行状态，还要兼顾所带负荷的变化。过电流Ⅰ段保护（电流速断保护）根据实际情况，可以考虑两种方式来选取，一种是按躲过配电变压器低压侧最大运行方式下的三相短路条件整定。另外一种则是考虑配电变压器高压侧励磁电流产生的影响，所以取高压侧额定电流的 10 倍来整定。两种方式比较，取最大值。过电流Ⅱ段保护（带时限电流速断保护）动作电流则按躲过配电变压器额定工作电流的 2 倍来整定。另外，还要对低电压元件和负序电压元件进行整定。低电压元件的整定值要确保在最小运行方式下，配电变压器低压侧母线所接 400V 出线上发生两相短路故障时可靠动作。负序电压元件的整定值按发电机独立向厂用母线供电这种最小运行方式下，保证配电变压器低压侧母线所接 400V 出线上发生两相短路故障时可靠动作。

3.2.4 整定过程

1. 电流速断保护（Ⅰ段）

（1）动作电流一次值 $I^{\mathrm{I}}_{\mathrm{op.DT.p}}$。该值可按以下两种条件选取。

1）按躲过配电变压器低压侧最大运行方式下三相短路条件整定，有

$$I^{\mathrm{I}}_{\mathrm{op.DT.p}} = K_{\mathrm{rel}} I^{(3)}_{\mathrm{F.N.max}} \tag{3-1}$$

式中：K_{rel} 为可靠系数，取 1.25；$I^{(3)}_{\mathrm{F.N.max}}$ 为配电变压器低压侧最大运行方式下的三相短路时，流过高压侧的电流。

动作电流二次值 $I^{\mathrm{I}}_{\mathrm{op.DT.s}}$ 为

$$I^{\mathrm{I}}_{\mathrm{op.DT.s}} = I^{\mathrm{I}}_{\mathrm{op.DT.p}}/n_{\mathrm{TA}} \tag{3-2}$$

式中：n_{TA} 为电流互感器变比，取 30。

本例中，动作电流一次值 $I^{\mathrm{I}}_{\mathrm{op.DT.p}}$ 为

$$I^{\mathrm{I}}_{\mathrm{op.DT.p}} = 1.25 \times 1069 = 1336.3(\mathrm{A})$$

本例中，动作电流二次值 $I^{\mathrm{I}}_{\mathrm{op.DT.s}}$ 为

$$I^{\mathrm{I}}_{\mathrm{op.DTs}} = 1336.3/30 = 44.54(\mathrm{A})$$

2）按躲过配电变压器励磁涌流条件整定，取为额定电流的 10 倍，有

$$I^{\mathrm{I}}_{\mathrm{op.DT.p}} = 10 I_{\mathrm{N.DT}} \tag{3-3}$$

式中：$I_{\mathrm{N.DT}}$ 为配电变压器高压侧额定电流一次值。

动作电流二次值 $I^{\mathrm{I}}_{\mathrm{op.DT.s}}$ 为

$$I^{\mathrm{I}}_{\mathrm{op.DT.s}} = I^{\mathrm{I}}_{\mathrm{op.DT.p}}/n_{\mathrm{TA}} \tag{3-4}$$

本例中，动作电流一次值 $I^{\mathrm{I}}_{\mathrm{op.DT.p}}$ 为

$$I^{\mathrm{I}}_{\mathrm{op.DT.p}} = 10 \times 72 = 720(\mathrm{A})$$

本例中，动作电流二次值 $I^{\mathrm{I}}_{\mathrm{op.DT.s}}$ 为

$$I^{\mathrm{I}}_{\mathrm{op.DT.s}} = 720/30 = 24(\mathrm{A})$$

对比上述两种方式的整定结果取较大值，即按照方式 1）整定，适当取整数，因此动作电流一次值和二次值分别为

$$I^{\mathrm{I}}_{\mathrm{op.DT.p}} = 1336(\mathrm{A})$$

$$I^{\mathrm{I}}_{\mathrm{op.DT.s}} = 45(\mathrm{A})$$

$I_{\text{op. DT. p}}^{\text{I}}$ 对应 PST 693U 装置中的保护定值名称为过电流一段定值，其值设置为 45A。

（2）灵敏度计算。按配电变压器高压侧最小运行方式下两相短路校验灵敏度，即

$$K_{\text{sen}}^{\text{I}} = I_{\text{F. M. min}}^{(2)} / I_{\text{op. DT. p}}^{\text{I}} \tag{3-5}$$

式中：$I_{\text{F. M. min}}^{(2)}$ 为配电变压器变高压侧系统最小运行方式下的两相短路电流。

$$K_{\text{sen}}^{\text{I}} = 6553/1336 = 4.9 > 2，满足要求。$$

2. 限时电流速断保护（Ⅱ段）

（1）动作电流一次值 $I_{\text{op. DT. p}}^{\text{II}}$ 按躲过配变额定工作电流的 2 倍整定。

$$I_{\text{op. DT. p}}^{\text{II}} = K_{\text{rel}} I_{\text{N. DT}} \tag{3-6}$$

式中：$I_{\text{N. DT}}$ 为配电变压器高压侧额定电流一次值；K_{rel} 为可靠系数，取 2。

动作电流二次值 $I_{\text{op. DT. s}}^{\text{II}}$ 为

$$I_{\text{op. DT. s}}^{\text{II}} = I_{\text{op. DT. p}}^{\text{II}} / n_{\text{TA}} \tag{3-7}$$

本例中，动作电流一次值 $I_{\text{op. DT. p}}^{\text{II}}$ 为

$$I_{\text{op. DT. p}}^{\text{II}} = 2 \times 72 = 144（\text{A}）$$

本例中，动作电流二次值 $I_{\text{op. DT. s}}^{\text{II}}$ 为

$$I_{\text{op. DT. s}}^{\text{II}} = 144/30 = 4.8（\text{A}）$$

$I_{\text{op. DT. p}}^{\text{II}}$ 对应 PST 693U 装置中的保护定值名称为过电流二段定值，其值设置为 4.8A。

（2）动作延时应按与配电变压器 400V 侧速断保护的时间配合，所以

$$t^{\text{II}} = 0.7\text{s}$$

t^{II} 对应 PST 693U 装置中的保护定值名称为过电流二段定值，其值设置为 0.7s。

3. 复合电压之低电压元件

动作电压通常要确保在最小运行方式下，配电变压器低压侧母线所接 400V 出线上发生三相短路故障时本元件能够动作。

直接计算二次值为

$$U_{\text{uv. DT. s}} = U_{\text{N. 10. S}} \frac{Z_{\text{DT}}}{(Z_{\text{DT}} + Z_{\text{M. max}})} \tag{3-8}$$

式中：$U_{\text{N. 10. S}}$ 为额定电压二次值（线电压），取 100V；Z_{DT} 为配电变压器正序阻抗标幺值。

本例中，$U_{\text{uv. DT. s}}$ 值为

$$U_{\text{uv. DT. s}} = 100 \times \frac{4.8}{(4.8 + 0.727)} = 86.8（\text{V}）$$

按整定值应取 87V，但考虑躲过配电变压器低压侧电机启动及系统电压波动影响，取值不宜高于 85V。因此动作电压 $U_{\text{op. DT. II}}$ 整定结果为 85V。

$U_{\text{uv. DT. s}}$ 对应 PST 693U 装置中的保护定值名称为低压启动过电流二段定值，其值设置为 85V。

4. 复合电压之负序电压元件

按最小运行方式下，保证配电变压器低压侧母线上发生两相短路故障时，保护安装处的负序电压元件动作条件应满足计算，因此按配电变压器低压侧母线两相短路计算，取相近值。

$$U_{\text{U2. DT. s}} = \frac{1}{2} U_{\text{N. 10. S}} \frac{Z_{\text{M. max}}}{(Z_{\text{DT}} + Z_{\text{M. max}})} \tag{3-9}$$

本例中，$U_{\text{U2. DT. s}}$ 值为

$$U_{\text{U2. DT. s}} = 50 \times \frac{0.727}{(4.8 + 0.727)} = 6.58（\text{V}）$$

适当取整数，负序电压元件 $U_{U2.DT.s}$ 整定结果为 6V。

$U_{U2.DT.s}$ 对应 PST 693U 装置中的保护定值名称为负序启动过电流二段定值，其值设置为 6V。

3.2.5 整定结果的说明

表 3-2 所示的"整定值"含有两个部分，序号 1~31 为保护定值及功能定值；序号 32~66 为整定控制字，置"1"相应功能投入，置"0"相应功能退出。具体说明如下：

(1) 控制字的说明。从序号 32~34 可以看出，保护装置中继电器的接法是三相三继电器接法。从 35~42 可以看出，本例没有投入任何的非电量保护。序号 43 设置为"1"、序号 44 设置为"0"，说明本例投入了过电流一段保护，但是没有投入相应的复压启动保护。同理从序号 45~48 可知本例投入了过电流二段保护，过电流二段复压启动保护及过电流三段复压启动保护，没有过电流三段保护。从 49~61 可以看出本例没有投入相应的功能。序号 59 设置为"1"，说明本例投入了过负荷警告。序号 60 设置为"0"，说明本例没有投入过电压功能。序号 61、62 分别设置为 0 和 1，说明本例没有投入低电压功能，但是投入了低电压条件功能。序号 63、64 说明本例投入了断线告警功能。序号 65 说明本例功率的测量方式是二瓦计法。序号 66 说明本例没有投入 FC 闭锁功能。

(2) 定值的说明。根据控制字，可以看出投入的保护是过电流Ⅰ段保护，过电流Ⅱ段保护及过电流Ⅲ段复压启动保护。序号 1、2 参数说明过电流Ⅰ段保护动作整定值为 45A，它是按躲过配电变压器低压侧最大运行方式下三相短路条件整定的，动作时限是无时限动作。序号 3、4 参数说明过电流Ⅱ段保护动作整定值为 4.8A，它是按躲过配电变压器额定工作电流的 2 倍整定的，动作时限与配电变压器 400V 侧的电流速断保护的时间配合，整定值为 0.7s。序号 5、6 参数说明没有投入相应功能，参数设置为最大值。防止在控制字整定错误的情况下误动作。序号 7~10 参数，低压定值设为 85V，负序电压定值设为 6V。这两个参数是用来增加过电流Ⅱ段保护可靠性的，保护其他两段的值为最大值。序号 11~23 参数说明本例没有投入此的功能，防止控制字整定错误而误动作，这些参数全部设置为最大值。序号 24、25 参数说明本例投入了过负荷告警，过负荷电流设置为 3A，过负荷延时设置为 7s。序号 26~31 参数说明本例没有投入相应的功能，所以低电压参数设置为最小值（0V）。

表 3-2   10kV 配电变压器结果表 1——整定值

序号	项目	参数	序号	项目	参数
1	过电流一段定值	45.00A	12	反时限过电流常数	最大值
2	过电流一段延时	0.00	13	负序过电流一段定值	最大值
3	过电流二段定值	4.80A	14	负序过电流一段延时	最大值
4	过电流二段延时	0.70s	15	负序过电流二段定值	最大值
5	过电流三段定值	最大值	16	负序过电流二段延时	最大值
6	过电流三段延时	最大值	17	高零序过电流定值	最大值
7	低压启动过电流一段	最大值	18	高零序过电流延时	最大值
8	低压启动过电流二段	85.00V	19	低零序过电流定值	最大值
9	低压启动过电流三段	最大值	20	低零序过电流延时	最大值
10	负序电压启动过电流	6.00V	21	反时限低零序额定	最大值
11	反时限过电流启动值	最大值	22	反时限低零序常数	最大值

序号	项目	参数	序号	项目	参数
23	反时限低零序门槛	最大值	45	过电流二段投退	1
24	过负荷定值	3.00A	46	过电流二段复压启动	1
25	过负荷延时	7s	47	过电流三段投退	0
26	过电压定值	最大值	48	过电流三段复压启动	1
27	过电压延时	最大值	49	正常反时限过电流	0
28	低电压定值	最小值	50	强反时限过电流	0
29	低电压延时	最大值	51	极端反时限过电流	0
30	FC闭锁电流定值	最大值	52	负序过电流一段投退	0
31	FC闭锁延时	最大值	53	负序过电流二段投退	0
32	三相三继电器式	1	54	高零序过电流告警	0
33	二相二继电器式	0	55	高零序过电流跳闸	0
34	二相三继电器式	0	56	低零序过电流告警	0
35	非电量一跳闸	0	57	低零序过电流跳闸	0
36	非电量一发信	0	58	低零序反时限投退	0
37	非电量二跳闸	0	59	过负荷告警	1
38	非电量二发信	0	60	过电压投退	0
39	非电量三跳闸	0	61	低电压投退	0
40	非电量三发信	0	62	低电压条件投退	1
41	非电量四跳闸	0	63	TV断线告警	1
42	非电量四发信	0	64	操作回路断线告警	1
43	过电流一段投退	1	65	二瓦计法测量功率	1
44	过电流一段复压启动	0	66	FC闭锁投退	0

3.3　10kV电动机保护整定示例

　　10kV异步电动机在厂矿企业中得到广泛应用。对于2000kW及以下异步电动机,除了阶段式电流保护外,还配置有反时限、堵转、负序电流、过热、低电压、过电压等保护。而2000kW及以上的异步电动机还配置有差动保护。本节的难点在于堵转、过热、反时限过电流、负序过电流等保护的整定方法。

3.3.1　整定对象与任务

　　10kV电动机保护接线示意如图3-2所示,整定对象高压电动机位于10kV母线上,10kV母线另外一端接的是等效的系统Seq。电动机额定容量为630kW,Y形接线方式。

图3-2　10kV电动机保护接线示意图

　　本次的整定任务是将围绕M1电动机展开,主要整定任务是:①定时限过电流保护整定;②堵转保护整定;③负序过电流保护整定;④反时限过电流保护整定;⑤低电压保护整定及过电压保护整定。已知条件见表3-3,互感器变比已折算成具体数值。

序 号	变 量 定 义	变 量 名	变 量 值
1	额定电流一次值	$I_{\text{N. M1. p}}$	45A
2	额定电流二次值	$I_{\text{N. M1. s}}$	2.25A
3	电流互感器变比	$n_{\text{TA. M1}}$	20
4	10kV 母线最小两相短路电流	$I_{\text{F. 10. min}}^{(2)}$	6553A

表 3-3　　　　　　　　　　　　电动机保护已知参数

3.3.2　保护功能简介

PSM 692U 是一种较为典型的保护测控一体化装置，PSM 692U 电动机综合保护测控装置是专门为 2000kW 及以下异步电动机（可与各类综合自动化配套）开发的产品。保护具体配置的功能及常见使用情况为：

3.3.2
PSM 691U,692U电动机
综合保护装置

（1）阶段式过电流保护。本装置设置有启动中速断保护及启动后速断保护。前者只在电动机启动过程中投入，定值相对较高；启动后速断保护，定值相对较低。同时本装置还设置有过电流保护。上述保护不带电压闭锁及方向闭锁，需要投入运行。

（2）定时限/反时限过电流保护。定时限/反时限过电流保护是反应电动机内部故障的保护。反时限过电流保护设置有两个反时限启动值，分别为启动中反时限门槛值及启动后反时限门槛值。一般，定时限过电流保护和反时限过电流保护根据情况选择其中一个投入运行。本例投入定时限过电流保护。

（3）两段定时限负序过电流保护及反时限负序保护。两段定时限负序过电流保护及反时限负序保护是反应电动机内部轻微故障的保护。反时限负序保护装置设两个反时限启动值，其对应保护元件需要整定三个保护定值：启动中反时限门槛值、启动后反时限门槛值、反时限过电流常数。保护一般投入运行。

（4）堵转保护。本装置通过采集各相电流得到正序电流与堵转电流定值相比较，大于堵转电流定值时经延时跳闸。一般投入运行。

（5）过负荷保护。过负荷保护是反应电动机因过负荷造成异常运行的保护。该装置是通过发信或跳闸保护电动机，其动作跳闸的时间设置在电动机启动时间之后。过负荷定值躲过电动机的额定电流。一般投入运行。

（6）低电压保护。低电压保护是反应电动机能否正常自启动的保护。该保护能够保证重要电动机的自启动。可不投入运行。

（7）过电压保护。过电压保护是防止供电电压过高导致电动机铜损耗和铁损耗增大，电动机温升增加。一般投入运行。

（8）FC 闭锁功能。FC 是高压熔断器（FUSE）加高压真空接触器 CONTACTOR 组合的高压开关柜。当电动机三相电流 I_A、I_B、I_C 任一个大于 FC 闭锁电流定值时，经 FC 闭锁延时，所有闭锁跳接触器的保护元件，以保证熔断器首先熔断。该功能只在有 FC 开关时，才考虑投入。

3.3.3　整定思路

由于电动机的启动电流较大，其值可能会大于电动机启动后保护的整定值，所以电流速断保护在电动机启动过程中不应该动作，同时为了兼顾保护的灵敏度，电流速断保护设有两个定值，一个是启动中的速断定值，一个是启动后的速断定值。启动中的速断定值按照躲过电动机最大启动电流来整定。启动后的速断定值应该躲过外部故障切除后电动机的最大自启动电流，还要躲过外部三相短路时，电动机向外供出的最大反馈电流。

过电流保护按电动机额定电流二次值的 $2\sim2.5$ 倍整定，本例中取 2 倍，另外启动时间按躲过电动机启动时间整定，取 1.25 倍的启动时间。

过负荷保护则按照躲过电动机的额定电流来整定，动作跳闸时间按照电动机启动时间的 1.25 倍来整定，防止电动机在启动的时候，由于负荷太大导致误动作。

负序电流保护分为两段保护，Ⅰ段保护考虑到电动机因素，所以动作电流和电动机额定电流二次值相同，动作时间按躲过 N 母线所接厂用变压器后备段动作时间整定。Ⅱ段保护动作电流整定值为额定电流二次值的 30%，动作时间为电动机启动时间的 1.25 倍。

堵转保护按照不引入转速开关接触点考虑，装置根据采集的各相电流计算出正序电流，当正序电流大于堵转电流定值时，保护经过延时跳闸。此种情况下，该保护应该在电动机启动结束后投入使用，所以动作电流按照躲过电动机额定电流二次值考虑，动作时间应躲过电动机最长的启动时间。

反时限电流保护，电流整定值分为两个过程，启动过程中整定电流应该躲过电动机的启动电流。启动过程结束后，整定电流应考虑躲过电动机供电母线三相短路时的反馈电流，以及外部故障切除后的启动电流。至于反时限过电流常数可以从电动机实际的反时限动作曲线上取出相应的点代入反时限曲线中得出反时限过电流常数值。

3.3.4　整定过程

1. 速断电流保护

(1) 启动中速断定值应按躲过电动机最大启动电流整定，其二次值 $I_{\text{op. M1. H. s}}$ 为

$$I_{\text{op. M1. H. s}} = K_{\text{rel. h}}K_{\text{st}}I_{\text{N. M1. s}} \tag{3-10}$$

式中：$K_{\text{rel. h}}$ 为启动中速断定值可靠系数，取 1.5；K_{st} 为电动机最大启动电流倍数，取 8；$I_{\text{N. M1. s}}$ 为电动机额定电流二次值，取 2.25。

本例中，动作电流 $I_{\text{op. M1. H. s}}$ 为

$$I_{\text{op. M1. H. s}} = 2.25 \times 1.5 \times 8 = 27\text{(A)}$$

本例中，动作时间 $t_{\text{op. M1. H}}$ 取 0s。

(2) 启动后速断定值应按躲过供电母线三相短路时电动机的反馈电流，并躲过外部短路故障切除后电动机的自启动电流整定。电动机采用真空断路器，反馈电流按启动电流的 80% 计算，其二次值 $I_{\text{op. M1. L. s}}$ 为

$$I_{\text{op. M1. L. s}} = K_{\text{rel. l}}(80\% \times K_{\text{st}}I_{\text{N. M1. s}}) \tag{3-11}$$

式中：$K_{\text{rel. l}}$ 为启动后速断定值可靠系数，取 1.2；K_{st} 为电动机最大启动电流倍数，取 8。

本例中，动作电流 $I_{\text{op. M1. L. s}}$ 为

$$I_{\text{op. M1. L. s}} = 2.25 \times 1.2 \times 0.8 \times 8 = 17.28\text{(A)}$$

适当取整，$I_{\text{op. M1. L. s}}$ 值为 18A。

本例中，动作时间 $t_{\text{op. M1. L}}$ 取 0s。

$I_{\text{op. M1. L. s}}$ 对应 PSM 692U 装置中的保护定值名称为启动后速断定值，其值设置为 18A。

2. 过电流保护

电动机过电流保护定值取电动机额定电流的 2 倍，其二次值 $I_{op.M1.o.s}$ 为

$$I_{op.M1.o.s} = 2I_{N.M1.s} \tag{3-12}$$

本例中，动作电流 $I_{op.M1.o.s}$ 为

$$I_{op.M1.o.s} = 2 \times 2.25 = 4.5(A)$$

$I_{op.M1.o.s}$ 对应 PSM 692U 装置中的保护定值名称为过电流定值，其值设置为 4.5A。

动作时间按躲过电动机启动时间来整定，即

$$t_{op.M1.o} = 1.25t_{star.M1} \tag{3-13}$$

式中：$t_{star.M1}$ 为电动机启动时间，可以根据实际情况调整，本次取 5s。

本例中，动作时间 $t_{op.M1.o}$ 为

$$t_{op.M1.o} = 1.25 \times 5 = 6.25(s)$$

适当取整后，$t_{op.M1.o}$ 值为 7s。

$t_{op.M1.o}$ 对应 PSM 692U 装置中的保护定值名称为过电流延时，其值设置为 7s。

3. 过负荷保护

过负荷保护动作定值可以按照躲过正常运行时额定电流整定，其二次值 $I_{op.M1.ol.s}$ 为

$$I_{op.M1.ol.s} = \frac{1.1I_{N.M1.s}}{0.9} \tag{3-14}$$

本例中，动作值 $I_{op.M1.ol.s}$ 为

$$I_{op.M1.ol.s} = \frac{1.1 \times 2.25}{0.9} = 2.75(A)$$

适当取整后，$I_{op.M1.ol.s}$ 值为 2.8A。

$I_{op.M1.ol.s}$ 对应 PSM 692U 装置中的保护定值名称为过负荷定值，其值设置为 2.8A。

动作时间约取电机启动时间的 1.25 倍，即

$$t_{op.M1.ol} = 1.25t_{star.M1} \tag{3-15}$$

本例中，动作时间 $t_{op.M1.ol}$ 为

$$t_{op.M1.ol} = 1.25 \times 5 = 6.25(s)$$

适当取整后，$t_{op.M1.ol}$ 值为 7s。

$t_{op.M1.ol}$ 对应 PSM 692U 装置中的保护定值名称为过负荷延时，其值设置为 7s。

4. 负序电流保护

（1）Ⅰ段动作电流按躲过区外不对称短路时电动机负序反馈电流和电动机启动时出现暂态二次负序电流，以及保证电动机在较大负荷两相运行和电动机内部不对称短路时有足够灵敏度综合考虑计算。采用经验公式，一般取 0.6~1 倍的电动机额定电流。本例中取 1 倍电动机额定电流，其二次值 $I_{op.M1.ne.s}^{I}$ 为

$$I_{op.M1.ne.s}^{I} = I_{N.M1.s} \tag{3-16}$$

本例中，动作电流 $I_{op.M1.ne.s}^{I}$ 为

$$I_{op.M1.ne.s}^{I} = 2.25A$$

适当取整后，$I_{op.M1.ne.s}^{I}$ 值为 2.3A。

$I_{op.M1.ne.s}^{I}$ 对应 PSM 692U 装置中的保护定值名称为负序过电流Ⅰ段定值，其值设置为 2.8A。

动作时间按躲过本段 10kV 母线所接配电变压器后备段动作时间整定

$$t^{\text{I}}_{\text{op. M1. ne}} = t_{\text{bak}} + \Delta t \tag{3-17}$$

式中：t_{bak} 为本段 10kV 母线所接配电变压器后备段动作时间，取 0.7s；Δt 为时间级差，取 0.3s。

本例中，动作时间 $t^{\text{I}}_{\text{op. M1. ne}}$ 为

$$t^{\text{I}}_{\text{op. M1. ne}} = 0.7 + 0.3 = 1.0(\text{s})$$

$t^{\text{I}}_{\text{op. M1. ne}}$ 对应 PSM 692U 装置中的保护定值名称为负序过电流 I 段延时，其值设置为 1s。

（2）II 段动作电流按躲过电动机正常运行时可能的最大负序电流和电动机在较小负荷时两相运行时有足够灵敏度及对电动机定子绕组匝间短路有保护功能考虑，采用经验公式，一般取 0.15～0.3 倍的电动机额定电流。本例中，取 0.3 倍电动机电流，其二次值 $I^{\text{II}}_{\text{op. M1. ne. s}}$ 为

$$I^{\text{II}}_{\text{op. M1. ne. s}} = 0.3 I_{\text{N. M1. s}} \tag{3-18}$$

本例中，动作电流 $I^{\text{II}}_{\text{op. M1. ne. s}}$ 为

$$I^{\text{II}}_{\text{op. M1. ne. s}} = 2.25 \times 0.3 = 0.675(\text{A})$$

适当取整后，$I^{\text{II}}_{\text{op. M1. ne. s}}$ 值为 0.7A。

$I^{\text{II}}_{\text{op. M1. ne. s}}$ 对应 PSM 692U 装置中的保护定值名称为负序过电流 II 段定值，其值设置为 0.7A。

动作时间约取电动机启动时间的 1.25 倍，即

$$t^{\text{II}}_{\text{op. M1. ne}} \approx 1.25 t_{\text{star. M1}} \tag{3-19}$$

本例中，动作时间 $t^{\text{II}}_{\text{op. M1. ne}}$ 为

$$t^{\text{II}}_{\text{op. M1. ne}} = 1.25 \times 5 = 6.25(\text{s})$$

适当取整后，$t^{\text{II}}_{\text{op. M1. ne}}$ 值为 7s。

$t^{\text{II}}_{\text{op. M1. ne}}$ 对应 PSM 692U 装置中的保护定值名称为负序过电流 II 段延时，其值设置为 7s。

5. 堵转保护

堵转保护按额定电流的 1.5 倍计算，其动作二次值 $I_{\text{op. M1. block. s}}$ 为

$$I_{\text{op. M1. block. s}} = 1.5 I_{\text{N. M1. s}} \tag{3-20}$$

本例中，动作电流 $I_{\text{op. M1. block. s}}$ 值为

$$I_{\text{op. M1. block. s}} = 1.5 \times 2.25 = 3.38(\text{A})$$

适当取整后，$I_{\text{op. M1. block. s}}$ 值为 3.4A。

$I_{\text{op. M1. block. s}}$ 对应 PSM 692U 装置中的保护定值名称为堵转保护定值，其值设置为 3.4A。

允许堵转时间按电机最长启动时间整定，堵转保护延时整定要大于电动机本身的启动时间，并应小于电动机在 1.5 倍额定电流下的发热耐受时间，堵转保护跳闸延时 $t_{\text{op. M1. block}}$ 为

$$t_{\text{op. M1. block}} = 60\text{s}$$

$t_{\text{op. M1. block}}$ 对应 PSM 692U 装置中的保护定值名称为堵转保护延时，其值设置为 60s。

6. 反时限过电流

（1）启动中反时限定值。其整定值按躲过电动机启动电流来整定。参照极端反时限电流公式，启动电流按额定电流的 1.5 倍计算，为 3.4A。

（2）启动后反时限启动值。该值用于电动机启动结束后的保护，参照极端反时限电流公式，启动电流按额定电流的 1.1 倍计算，取为 2.5A。

（3）反时限过电流时间常数。因电动机参数不全，按经验值，暂将时间常数 T_p 取为 1s。根据上述方案整定后，反时限过电流保护并不会影响原有定时限保护的动作行为，另一方面，当实际的电流倍数较大（如额定电流的 6 倍），而又达到不速断定值时，可以缩短保护的动作时间，如电动机启动后，实际电流为额定电流 6 倍时，保护的动作时间为 2.78s。

3.3.5　整定结果的说明

表 3-4 所示的"整定值"含有两个部分，序号 1～31 为保护定值及功能定值；序号 32～62 为整定控制字，置"1"相应功能投入，置"0"相应功能退出。具体说明如下：

（1）控制字的说明。序号 32～34 说明本次保护继电器接法投入的是二相三继电器式。序号 35～38 控制字为"0"，说明本次保护，这些功能没有投入。序号 39～43 控制字为"1"，由于本次保护有速断电流保护，过电流保护，过负荷保护和负序过电流保护，所以这些功能都有投入。序号 44、45 控制字为"0"，本次保护没有投入。序号 46 控制字为"1"，本次保护有堵转保护，所以投入该功能。序号 47～55 控制字为"0"，本次保护没有投入相应功能。序号 56、57 控制字为"1"，电动机在运行时，任何一相断线，该装置都会发出警告。序号 58 控制字为"1"，说明本次保护整定功率测定方式为二瓦计法。序号 59～62 表示本次保护中反时限过电流保护的特性曲线为极端反时限过电流曲线。

（2）定值的说明。序号 1 参数说明电动机二次测额定电流设定为 2.3A，这与电动机的出厂参数有关。序号 2 参数说明电动机的启动时间设置为 5s，该参数可以根据实际情况再调。序号 3～5 参数是电动机的速断保护参数，说明启动中速断定值整定为 27A，启动后速断定值整定为 18A，无速断延时。序号 6、7 是电动机过电流保护的参数，说明过电流定值设置为 4.5A，动作延时设置为 7s，该保护是在电动机启动后投入的。序号 8、9 是电动机的过负荷保护参数，说明过负荷定值设置为 2.8A，延时设置为 7s，这两个参数都要考虑电动机的启动情况。序号 10～13 参数是负序过电流保护参数，说明负序过电流保护设置了两段：Ⅰ段的整定电流为 2.3A，动作时间为 1s。Ⅱ段的整定电流为 0.7A，动作时间为 7s。序号 14、15 参数说明由于本次保护没有投入相应功能，防止控制字错误整定而误动作，参数设置为最值，序号 16、17 参数说明堵转保护整定电流为 3.4A，动作时间为 60s。该功能要在电动机启动后才能投入。序号 18～28 参数说明由于本次保护没有投入相应功能，防止控制字错误整定而误动作，参数设置为最大值。序号 29、30 参数是反时限过电流保护的参数，说明启动中和启动后的反时限过电流整定值都设置为 20A，反时限常数设置为 100s。

表 3-4　　　　　　　　　　　　　电动机保护整定结果——整定值

序号	项目	参数	序号	项目	参数
1	电机二次额定电流值（I_e）	2.30	7	过电流延时	7.00
2	电动机启动时间	5.00	8	过负荷定值	2.80
3	启动中速断定值	27.00	9	过负荷延时	7.00
4	启动后速断定值	18.00	10	负序过电流一段	2.30
5	速断延时	0.00	11	负序过电流一段延时	1.00
6	过电流定值	4.50	12	负序过电流二段	0.70

续表

序号	项目	参数	序号	项目	参数
13	负序过电流二段延时	7.00	38	非电量二发信	0
14	负序反时限门槛	最小值	39	速断投退	1
15	负序反时限常数	最大值	40	过电流投退	1
16	堵转保护定值	3.40A	41	过负荷发信	1
17	堵转保护延时	60.00s	42	负序过电流一段	1
18	过热启动值	最大值	43	负序过电流二段	1
19	过热时间常数	最大值	44	负序反时限投退	0
20	过热报警系数	最大值	45	负序反馈闭锁投退	0
21	零序过电流定值	最大值	46	堵转保护软压板	1
22	零序过电流延时	最大值	47	过热对数曲线	0
23	低电压定值	最小值	48	过热反比曲线	0
24	低电压延时	最大值	49	过热跳闸投退	0
25	过电压定值	最大值	50	过热告警投退	0
26	过电压延时	最大值	51	零序发信	0
27	FC闭锁电流定值	最大值	52	零序跳闸	0
28	FC闭锁延时	最大值	53	低电压投退	0
29	启动中反时限定值	3.4A	54	低电压开放条件	0
30	启动后反时限定值	2.5A	55	过电压投退	0
31	反时限过电流常数	1s	56	TV断线告警	1
32	三相三继电器式	0	57	操作回路断线	1
33	二相二继电器式	0	58	二瓦计法测量功率	1
34	二相三继电器式	1	59	FC闭锁投退	0
35	非电量一跳闸	0	60	正常反时限过电流	0
36	非电量一发信	0	61	强反时限过电流	0
37	非电量二跳闸	0	62	极端反时限过电流	1

3.4　110kV 主变压器保护整定示例

主变压器按电压等级、绕组数及用途的不同，其保护配置及整定方案也有很大差异。本节主要介绍常见的 110kV 降压变压器整定。

3.4.1　整定任务

110kV 主变压器接线示意如图 3-3 所示。MT 为两绕组主变压器，容量为 50MV·A，变比为 110kV/10.5kV。H、L 母线分别代表高压侧、低压侧母线。高压侧中性点经中性点隔离开关接地。本例中，该隔离开关打开，相当于 MT 中性点不接地运行。

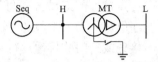

图 3-3 110kV 主变压器接线示意图

现对于纵差保护、相间短路后备保护、接地短路后备保护进行整定。已知条件见表 3-5。

表 3-5 已 知 参 数 条 件

序号	变量定义	变量名	变量值	单位	备注
1	变压器高压侧额定电压	$U_{N.H}$	110	kV	
2	变压器高压侧额定电流一次值	$I_{N.H.p}$	262.4	A	
3	变压器高压侧额定电流二次值	$I_{N.H.s}$	1.64	A	
4	变压器高压侧电流互感器变比	$n_{TA.H}$	160	无	800/5A
5	L 母线两相短路电流相对于额定电流最小倍数	$n_{F.L.min}^{(2)}$	4	无	
6	变压器低压侧额定电压	$U_{N.L}$	10.5	kV	
7	变压器低压侧额定电流一次值	$I_{N.L.p}$	2749.3	A	
8	变压器低压侧额定电流二次值	$I_{N.L.s}$	3.437	A	
9	变压器低压侧电流互感器变比	$n_{TA.L}$	800	无	4000/5A
10	10kV 馈线限时电流速断保护最大电流值	$I_{op.max.p}^{II}$	4167	A	

3.4.2 保护装置简介

RCS 9671C 装置为由多微机实现的变压器差动保护，适用于 110kV 及以下电压等级的双圈、三圈变压器，满足四侧差动的要求。

3.4.2

RCS 9000系列C型
变压器保护部分

1. 纵差动保护装置

装置采用三折线比率差动原理，设有比率差动保护和差动速断保护。比率差动保护分为低值比率差动保护和高值比率差动保护。低值比率差动保护用来辨别差流是内部故障产生的，还是不平衡输出的。高值比率差动保护经过二次谐波闭锁，在内部故障 TA 饱和时能可靠动作。差动速断保护用于防止区内严重短路故障时，因 TA 保护而使比率差动保护延迟动作，该保护不需要任何闭锁条件。另外比率差动保护利用三相差流中的二次谐波作为励磁涌流闭锁的判断依据。

2. 后备保护装置

装置在变压器的中低压侧，装设有后备过电流保护，当主保护拒动时，该保护可以作用断开断路器，每段保护都有一个动作时限，定值范围为 0.1～20A。但一般该保护不会投入。

RCS 9681C 装置用于 110kV 电压及以下等级变压器的高压、中压、低压侧后备保护。主要的保护配置有五段复合电压闭锁过电流保护、接地保护。

（1）复合电压（复压）闭锁过电流保护、各电流及时间定值可以独立整定，同时配置有电压闭锁需要的元件及方向元件。方向元件带有记忆功能，能消除三相短路时方向元件的死区。该保护还可以取其他侧复合电压,任何一侧的复压都可以启动过电流保护。

(2) 接地保护,根据变压器中性点接地的三种方式可以分为:①中性点直接接地运行,装置设有三段零序过电流保护,零序电流外加,Ⅰ段和Ⅱ段保护带有方向元件闭锁,可以通过控制字来投退功能。②中性点不接地或经间隙接地运行。装设有一段两时限零序无电流闭锁零序过电压保护和一段两时限间隙零序过电流保护。两者第一时限出口跳闸用于缩短故障范围,第二时限均跳主变压器各侧开关。

3.4.3　整定思路

(1) 差动保护整定思路。变压器在额定状态下运行的时候,由于电流互感器的变比误差、调压、各侧电流互感器型号不一致,同时还有一些运行未知的因素,会产生不平衡电流,所以差动启动电流的整定应该考虑躲过这个不平衡电流。制动电流对于单折线式比率制动特性,一般取 0.8～1 倍的额定电流,对于双折线比率差动特性,第一个拐点可取 0.8～1 倍的额定电流,第二个拐点可取 3 倍的额定电流,本例中由于装置有两个固定的制动拐点,所以不用整定。比率制动系数在实际工程计算中可以等同于比率制动特性斜率,所以该值可以按比率制动特性斜率计算。灵敏度校验取最小运行方式下变压器区内两相短路时最小短路电流的 TA 二次值与此时差动启动电流的比值,一般要求灵敏度大于 2。为了快速切除变压器内部故障,会增设差动速断元件作为保护,其动作电流取 6 倍的额定电流。

(2) 后备保护整定思路。变压器高压侧后备保护中,Ⅰ段过电流保护带有电压闭锁功能,所以需要整定其低压元件和负序电压元件。负序电压元件按躲过正常运行时的最大不平衡电压整定,根据实际工程经验,本次取 0.07 倍的变压器额定电压二次值。低电压元件整定要求按躲过外部故障切除后母线最低自启动电压整定,根据运行经验,本次取 0.6 倍的变压器额定电压二次值。过电流Ⅰ段的动作电流整定原则是保证低压侧两相短路时情况下保护能有 1.5 倍的灵敏度。过电流Ⅱ段的动作电流则按额定电流的 2 倍整定。

变压器低压侧后备保护采用电压闭锁过电流保护,对过电流保护整定,采用两段式,第Ⅰ段与 10kV 限时电流速断保护的最大值相配合整定,第Ⅱ段与变压器低压侧额定电流配合整定。其中Ⅰ段带电压闭锁功能,低电压整定值取 0.8 倍的变压器额定电压二次值,其余装置及整定原则同高压侧。因为本例变压器中性点不接地,故不对零序电流电压保护进行整定。

3.4.4　差动保护整定过程

(1) 差动电流启动值启动电流 $I_{\text{op. MT. s}}$。按躲过变压器额定负载时的最大不平衡电流来整定,一般取 0.4～0.7 倍变压器额定电流,本例取 0.4 倍的额定电流。

$$I_{\text{op. MT. s}} = 0.4 I_{\text{N. H. s}} \tag{3-21}$$

式中:$I_{\text{N. H. s}}$ 为变压器额定高压侧电流二次值。

本例中,启动电流 $I_{\text{op. MT. s}}$ 为

$$I_{\text{op. MT. s}} = 0.4 \times 1.64 = 0.66(\text{A})$$

$I_{\text{op. MT. s}}$ 对应 RCS 9671C 装置中的保护定值名称为差动电流启动系数,其值设置为 0.4。

(2) 制动拐点电流。由于本装置为三段折线式制动特性,有两个固定的制动拐点,所以不需要整定制动拐点电流。

(3) 比率制动系数。该装置中的比率制动特性斜率为 K_{bl},从理论推导上来说,应与比

率制动系数有微小的差异，但在工程计算中，两者的取值可以相等。

$$K_{bl} = K_{rel}(K_{ap}K_{cc}K_{er} + \Delta m + \Delta U) \tag{3-22}$$

式中：K_{rel} 为可靠系数，取 1.5；K_{ap} 为非周期分量系数，取 2.2；K_{cc} 为 TA 同型系数，取 1；K_{er} 为 TA 综合误差，取 0.1；Δm 为装置通道调整误差引起的不平衡电流系数，取 0.05；ΔU 为变压器有载调整分接头引起的最大误差，取 0.1。

本例中，整定系数 K_{bl} 为

$$K_{bl} = 1.5(2.2 \times 0.1 + 0.05 + 0.1) = 0.55$$

K_{bl} 对应 RCS 9671C 装置中的保护定值名称为比率差动制动系数，其值设置为 0.55。

（4）灵敏系数的计算。可根据差动保护区内最小短路电流对应的制动电流，在动作特性曲线上找到相应的动作电流，求得灵敏度系数。10kV 母线两相短路时，相对于变压器额定电流的最小倍数 $n^{(2)}_{F.L.min} = 4$。

因为是变压器区内故障，只有高压侧流过故障电流，所以此时的制动电流 I_{res} 为

$$I_{res} = 0.5n^{(2)}_{F.L.min}I_{2N} = 2I_{2N} \tag{3-23}$$

根据比率制动特性公式，可以求得动作电流 I_{op} 为

$$I_{op} = (I_{res} - I_{res.0})K_{bl} + I_{op.min} \tag{3-24}$$

式中：$I_{res.0}$ 为最小制动电流，取 0.5 倍的 I_{2N}。

本例中，动作电流 I_{op} 为

$$I_{op} = 1.425I_{2N} \tag{3-25}$$

故此，灵敏度 K_{sen} 为

$$K_{sen} = \frac{4I_{2N}}{1.425I_{2N}} = 2.8 > 2 \quad 灵敏度满足要求$$

（5）二次谐波制动比。二次谐波制动比指差动电流中的二次谐波制动分量与基波分量的比值。本例中，该值整定为 15%。所以 RCS 9671C 装置中的保护定值为二次谐波制动系数，设置为 0.15。

（6）差动速断元件整定。当区内故障电流很大时，电流互感器可能饱和，从而使差动电流中出现大量的谐波分量，并使保护所获得的差动电流波形发生畸变，可能导致差动保护拒动或延缓动作。差动速断元件只反映差动电流的有效值，不受差动电流中的谐波和波形畸变的影响。取为 6 倍额定电流，所以 RCS 9671C 装置中的保护定值为差动速断系数，设置为 6。

3.4.5 差动保护整定结果的说明

表 3-6 所示的"整定值"含有两个部分，序号 1～17 为保护定值及功能定值；序号 18～22 为整定控制字，置"1"相应功能投入，置"0"相应功能退出。

3.4.5
RCS 9671C保护单
示例供参考

具体说明如下：

（1）控制字的说明。序号 18～22 的控制字说明本次保护差动速断、比率差动、CTDX闭锁（其中 DX 为拼音缩写，CTDX 为电流互感器断线闭锁）、比率差动功能正常均投用。三侧过电流投入，四侧过电流投入均不投入。

（2）定值的说明。序号 1～8 参数说明除了第三侧，其他三侧都有加装电流互感器。序

号 9 说明动电流启动值设置为 0.6A。序号 10 说明差动速断元件的定值设置为 6A。序号 11 说明比率制动系数根据计算设置为 0.55。序号 12 说明二次谐波制动系数设置为 0.15。序号 13 说明 TA 报警门槛值设置为 0.15。

表 3-6　　　　　　　　　　变压器差动保护结果表——整定值

序号	项目	参数	序号	项目	参数
1	一侧 TA 额定一次值 TA11	0.8kA	12	二次谐波制动系数	0.15
2	一侧 TA 额定二次值 TA12	5A	13	TA 报警门槛值	0.15
3	二侧 TA 额定一次值 TA21	0.8kA	14	三侧过电流电流定值	最大值
4	二侧 TA 额定二次值 TA22	5A	15	四侧过电流电流定值	最大值
5	三侧 TA 额定一次值 TA31	0	16	三侧过电流时间定值	最大值
6	三侧 TA 额定二次值 TA32	5A	17	四侧过电流时间定值	最大值
7	四侧 TA 额定一次值 TA41	4kA	18	差动速断投入	1
8	四侧 TA 额定二次值 TA42	5A	19	比率差动投入	1
9	差动电流启动系数（I_e）	0.4	20	CTDX 闭锁比率差动	1
10	差动速断系数（I_e）	6	21	三侧过电流投入	0
11	比率差动制动系数	0.55	22	四侧过电流投入	0

3.4.6　高压侧后备保护整定过程

1. 复合电压闭锁过电流保护 Ⅰ 段

（1）动作电流一次值 $I_{\text{op. MT. Hp}}^{\text{I}}$。按最小运行方式下，低压侧两相短路时有 1.5 倍的灵敏度整定。

$$I_{\text{op. MT. Hp}}^{\text{I}} = n_{\text{F. L. min}}^{(2)} I_{\text{N. H. p}} / K_{\text{sen}} \tag{3-26}$$

式中：K_{sen} 为灵敏度系数，取 1.5。

本例中，动作电流 $I_{\text{op. MT. Hp}}^{\text{I}}$ 一次值为

$$I_{\text{op. MT. Hp}}^{\text{I}} = 4 \times 262.4/1.5 = 700(\text{A})$$

对应的动作电流二次值 $I_{\text{op. MT. Hs}}^{\text{I}}$ 为

$$I_{\text{op. MT. Hs}}^{\text{I}} = 700/160 = 4.38(\text{A})$$

$I_{\text{op. MT. Hs}}^{\text{I}}$ 对应 RCS 9681C 装置中的保护定值名称为复合电压闭锁方向过电流Ⅰ段定值，其值设置为 4.38A。

（2）相间低电压。低电压元件的低电压值按躲过外部故障切除后母线最低自启动电压整定，一般取 60% 的额定电压。因此，装置 RCS 9681C 的保护定值为复合电压闭锁相间低电压定值，设置为 60V。需指出，该低电压元件所取的电压既可以是高压侧电压，也可以是低压侧电压。假设低压侧母线或各馈线主干线上发生相间故障时，低压侧电压才能满足低于 60% 额定电压这一条件，而此时变压器高压侧不易满足。该值整定为 60% 额定电压，比一般教材上所推荐值低一些，其主要目的是为了缩小保护范围，在保证实现变压器相间后备的基础上，将反应较远处故障的任务，交给变压器低压侧后备保护来完成。

（3）负序相电压。负序相电压值按躲过正常运行时变压器产生的最大不平衡电流整定，一般取 0.06~0.09 倍额定电压，本例中取为 0.07。此时整定的电压为线电压，而对应装置中的保护定值为相电压，所以需要转换，有

$$U_{\text{op.MT.H.2}} = 0.07U_{\text{N.T}}/\sqrt{3} \tag{3-27}$$

式中：$U_{\text{N.T}}$ 为变压器的额定线电压二次值，为 100V。

本例中，动作电压 $U_{\text{op.MT.H.2}}$ 为

$$U_{\text{op.MT.H.2}} = 0.07 \times 100/\sqrt{3} = 4(\text{V})$$

$U_{\text{op.MT.H.2}}$ 对应 RCS 9681C 装置中的保护定值名称为复合电压闭锁负序相电压，其值设置为 4V。

（4）动作延时。动作延时考虑与低压侧过电流 Ⅰ 段时限配合，取 $t_{\text{op.MT.H}}^{\text{I}} = 0.9$s。对应 RCS 9681C 装置中的保护定值名称为复合电压闭锁过电流 Ⅰ 时间 T_1 其值设置为 0.9s。

2. 过电流保护 Ⅱ 段

（1）动作电流一次值 $I_{\text{op.MT.Hp}}^{\text{II}}$。按躲过变压器高压侧额定电流一次值来整定，即

$$I_{\text{op.MT.Hp}}^{\text{II}} = K_{\text{rel}}I_{\text{N.H.p}} \tag{3-28}$$

式中：K_{rel} 为可靠系数，取 2。

本例中，动作电流 $I_{\text{op.MT.Hp}}^{\text{II}}$ 一次值为

$$I_{\text{op.MT.Hp}}^{\text{I}} = 2 \times 262.4 = 524(\text{A})$$

对应的动作电流 $I_{\text{op.MT.Hs}}^{\text{II}}$ 二次值为

$$I_{\text{op.MT.Hs}}^{\text{II}} = 524/160 = 3.28(\text{A})$$

$I_{\text{op.MT.Hs}}^{\text{II}}$ 对应 RCS 9681C 装置中的保护定值名称为复合电压闭锁方向过电流 Ⅱ 段定值，其值设置为 3.28A。

（2）动作时限。动作时限应该与低压侧 Ⅱ 段时限配合，取 $t_{\text{op.MT.H}}^{\text{II}} = 1.2$s。对应 RCS 9681C 装置中的保护定值名称为复合电压闭锁过电流 Ⅱ 段时间 T_2，其值设置为 1.2s。

（3）灵敏度。根据整定原则，Ⅱ 段定值为 1.5 倍的额定电流。而根据已知条件，L 母线两相短路电流相对于额定电流最小倍数为 4 倍。

因此，灵敏度为

$$K_{\text{sen.H}} = 2.667 > 2，满足要求$$

3.4.7 高压侧后备保护整定结果的说明

表 3-7 所示的"整定值"含有两个部分，序号 1～34 为保护定值及功能定值；序号 35～68 为整定控制字，置"1"相应功能投入，置"0"相应功能退出。具体说明如下：

3.4.7 高后备RCS 9681C定值单示例供参考

（1）控制字的说明。序号 35～51，说明本次保护投入了 Ⅰ 段和 Ⅱ 段复合电压过电流保护，其中 Ⅰ 段复合电压过电流保护带有电压闭锁功能。序号 52 控制字为"1"，说明本侧的复合电压元件不启用，而是通过其他侧来进行电压闭锁。序号 53～68，控制字全为"0"，说明这些功能均没有投入。

（2）定值的说明。序号 1 对应的 Ⅰ 段电压闭锁的负序电压元件相电压定值整定为 4V，注意是相电压，其他保护一般整定为线电压值。序号 2 对应的 Ⅰ 段电压闭锁的低电压元件动作电压整定为 60V。序号 3、4 说明本次过电流保护的 Ⅰ 段和 Ⅱ 段动作电流二次值分别为 4.38、3.28A。序号 5～13 说明本次保护没有投入相应功能，故设为最大值，以防控制字整

表 3 - 7 **高压侧后备保护整定表——整定值**

序号	项目	参数	序号	项目	参数
1	复合电压闭锁负序相电压定值	4V	35	复压过电流Ⅰ段投入	1
2	复合电压闭锁相间低电压定值	60V	36	复压过电流Ⅱ段投入	1
3	复合电压闭锁方向过电流Ⅰ段定值	4.38A	37	复压过电流Ⅲ段投入	0
4	复合电压闭锁方向过电流Ⅱ段定值	3.28A	38	复压过电流Ⅳ段投入	0
5	复合电压闭锁方向过电流Ⅲ段定值	最大值	39	复压过电流Ⅴ段投入	0
6	复合电压闭锁方向过电流Ⅳ段定值	最大值	40	过电流Ⅵ段投入	0
7	复合电压闭锁方向过电流Ⅴ段定值	最大值	41	过电流Ⅰ段经复合电压闭锁	1
8	过电流Ⅵ段定值	最大值	42	过电流Ⅱ段经复合电压闭锁	0
9	零序过电流Ⅰ段定值	最大值	43	过电流Ⅲ段经复合电压闭锁	0
10	零序过电流Ⅱ段定值	最大值	44	过电流Ⅳ段经复合电压闭锁	0
11	零序过电流Ⅲ段定值	最大值	45	过电流Ⅴ段经复合电压闭锁	0
12	零序过电压定值	最大值	46	过电流Ⅰ段经方向闭锁	0
13	间隙零序过电流定值	最大值	47	过电流Ⅱ段经方向闭锁	0
14	过负荷定值	320A	48	过电流Ⅲ段经方向闭锁	0
15	启动风冷电流定值	最大值	49	过电流Ⅳ段经方向闭锁	0
16	过载闭锁有载调压电流定值	262.4A	50	过电流Ⅴ段经方向闭锁	0
17	复合电压闭锁过电流Ⅰ段时间 T_1	0.9s	51	过电流保护方向指向	0
18	复合电压闭锁过电流Ⅱ段时间 T_2	1.2s	52	过电流保护经其他侧复压闭锁	1
19	复合电压闭锁过电流Ⅲ段时间 T_3	最大值	53	TV断线退出与电压有关的电流保护	0
20	复合电压闭锁过电流Ⅳ段时间 T_4	最大值	54	零序过电流Ⅰ段一时限投入	0
21	复合电压闭锁过电流Ⅴ段时间 T_5	最大值	55	零序过电流Ⅰ段二时限投入	0
22	过电流Ⅵ段时间 T_6	最大值	56	零序过电流Ⅱ段一时限投入	0
23	零序过电流Ⅰ段一时限 T_{011}	最大值	57	零序过电流Ⅱ段二时限投入	0
24	零序过电流Ⅰ段二时限 T_{012}	最大值	58	零序过电流Ⅲ段投入	0
25	零序过电流Ⅱ段一时限 T_{021}	最大值	59	零序过电流Ⅰ段一时限经方向闭锁	0
26	零序过电流Ⅱ段二时限 T_{022}	最大值	60	零序过电流Ⅰ段二时限经方向闭锁	0
27	零序过电流Ⅲ段时间 T_{03}	最大值	61	零序过电流Ⅱ段一时限经方向闭锁	0
28	不接地时零序过电压一时限 T_{0u1}	最大值	62	零序过电流Ⅱ段二时限经方向闭锁	0
29	不接地时零序过电压二时限 T_{0u2}	最大值	63	零序保护方向指向	0
30	间隙零序过电流一时限 T_{0jx1}	最大值	64	零序过电压一时限投入	0
31	间隙零序过电流二时限 T_{0jx2}	最大值	65	零序过电压二时限投入	0
32	过负荷延时 T_{gfh}	5s	66	间隙零序过电流一时限投入	0
33	启动风冷延时 T_{qdfl}	最大值	67	间隙零序过电流二时限投入	0
34	过载闭锁有载调压延时 T_{bsty}	5s	68	间隙保护方式投入	0

定错误而误动作。序号 14 说明过负荷定值设置为 320A。序号 15 说明本次保护不投入此功能，故设为最大值。序号 16 说明过载闭锁有载调压电流定值设置为 262.4A。序号 17、18 说明Ⅰ段和Ⅱ段动作时间设置为 0.9s 和 1.2s。序号 19～31 说明本次保护没有投入相应功能，故设置为最大值。序号 32～34 的过负荷延时和过载闭锁有载调压延时都设置为 5s，启动风冷延时由于没有投入，所以设置为最大值。

3.4.8 低压侧后备保护整定过程

1. 过电流保护Ⅰ段

（1）动作电流 $I_{\text{op. MT. Lp}}^{\text{I}}$。Ⅰ段时按与 10kV 馈线的限时电流速断保护的最大值相配合整定，即

$$I_{\text{op. MT. Lp}}^{\text{I}} = K_{\text{rel}} I_{\text{op. max. p}}^{\text{II}} \tag{3-29}$$

式中：$I_{\text{op. max. p}}^{\text{II}}$ 为 10kV 馈线的限时电流速断保护的最大值，取 4167A；K_{rel} 为可靠系数，取 1.2。

因此，动作电流 $I_{\text{op. MT. Lp}}^{\text{I}}$ 整定结果为

$$I_{\text{op. MT. Lp}}^{\text{I}} = 1.2 \times 4167 = 5000(\text{A})$$

对应的动作电流 $I_{\text{op. MT. Ls}}^{\text{I}}$ 二次值为

$$I_{\text{op. MT. Ls}}^{\text{I}} = 5000/800 = 6.25(\text{A})$$

$I_{\text{op. MT. Ls}}^{\text{I}}$ 对应 RCS 9681C 装置中的保护定值名称为复合电压闭锁方向过电流Ⅰ段定值，其值设置为 6.25A。

（2）相间低电压。低电压元件的低电压值按躲过外部故障切除后母线最低自启动电压整定，一般取 80% 的额定电压。即复合电压闭锁相间低电压定值设置为 80V。该低电压元件所取的电压既可以是高压侧电压，也可以是低压侧电压。由于本例整定对象为一降压变压器，不可能出现低压侧电压高于高压侧电压的现象。该值整定为 80% 额定电压，比一般教材上所推荐值高 10% 左右，其主要目的是为了尽可能扩大保护范围，实现对低压侧各馈线保护的后备段的后备。低压侧各馈线分支线上或馈线上所接配电变压器发生相间故障时，低压侧电压易于满足低于 80% 的额定电压这一条件。

（3）负序相电压。负序相电压值按躲过正常运行时，最大不平衡负序电压整定。一般取 0.06～0.09 倍额定电压。此时整定的电压为线电压，而对应装置中的保护定值为相电压，所以需要转换。

$$U_{\text{op. MT. L. 2}} = 0.07 U_{\text{N. T}}/\sqrt{3} \tag{3-30}$$

式中：$U_{\text{N. T}}$ 为变压器的额定线电压二次值，为 100V。

本例中，动作相电压 $U_{\text{op. MT. L. 2}}$ 为

$$U_{\text{op. MT. L. 2}} = 0.07 \times 100/\sqrt{3} = 4(\text{V})$$

$U_{\text{op. MT. L. 2}}$ 对应 RCS 9681C 装置中的保护定值名称为复合电压闭锁负序相电压定值，其值设置为 4V。

（4）动作时限。动作时限取 $t_{\text{op. MT. L}}^{\text{I}} = 0.6\text{s}$。对应 RCS 9681C 装置中的保护定值名称为复合电压闭锁过电流Ⅰ段时间 T_1，其值设置为 0.6s。

2. 过电流保护Ⅱ段

（1）动作电流 $I_{\text{op. MT. Lp}}^{\text{II}}$。Ⅱ段动作电流取 1.5 倍变压器低压侧额定电流整定，即

$$I_{\text{op. MT. Lp}}^{\text{II}} = K_{\text{rel}} I_{\text{N. L. P}} \qquad (3-31)$$

式中：K_{rel} 为配合系数，取 1.5；$I_{\text{N. L. p}}$ 为变压器低压侧额定电流一次值，取 2749.3A。

因此，动作电流 $I_{\text{op. MT. Lp}}^{\text{II}}$ 为

$$I_{\text{op. MT. Lp}}^{\text{II}} = 1.5 \times 2749.3 = 4123.95(\text{A})$$

对应的动作电流 $I_{\text{op. MT. Ls}}^{\text{II}}$ 二次值为

$$I_{\text{op. MT. Ls}}^{\text{II}} = 4123.95/800 = 5.15(\text{A})$$

$I_{\text{op. MT. Ls}}^{\text{II}}$ 对应 RCS 9681C 装置中的保护定值名称为复合电压闭锁方向过电流 II 段定值，其值设置为 5.15A。

（2）动作延时。动作时限与 10kV 馈线的定时限过电流保护配合整定，取 $t_{\text{op. MT. L}}^{\text{II}} = 0.9\text{s}$。对应 RCS 9681C 装置中的保护定值名称为复合电压闭锁过电流 II 段时间 T_2，其值设置为 0.9s。

（3）灵敏度。根据整定原则，II 段定值为 1.5 倍低压侧额定电流。而根据已知条件，L 母线两相短路电流相对于额定电流最小倍数为 4 倍。

因此，灵敏度为

$$K_{\text{sen. L}} = 2.667 > 2，满足要求$$

3.4.9　低压侧后备保护整定结果的说明

3.4.9
低后备 RCS 9681C 定值单示例供参考

表 3-8 所示的"整定值"含有两个部分，序号 1~34 为保护定值及功能定值；序号 35~68 为整定控制字。具体说明如下：

（1）定值的说明。序号 1 对应 I 段电压闭锁的负序电压元件相电压定值整定为 4V。序号 2 对应 I 段电压闭锁的低电压元件动作电压整定为 80V。序号 3、4 对应本次过电流保护的 I 段和 II 段动作电流二次值分别为 6.25、5.15A。序号 14 表示过负荷定值设置为 3300A。序号 17、18 说明复合电压闭锁过电流保护 I 段和 II 段动作时间设置为 0.9s 和 1.2s。序号 32 说明过负荷延时为 5s。序号 5~13、15、16，19~31、31~34 整定值设置为最大值，说明本次保护没有投入相应功能。

（2）控制字的说明。置"1"相应功能投入，置"0"相应功能退出。序号 35~40 说明本次保护投入复合电压电流的 I、II 段保护，其余均不投入。序号 41~45 说明只有过电流保护 I 段经复合电压闭锁投入，其余均不投入电压闭锁。序号 46~51 说明本例不投入过电流保护方向闭锁。序号 52 控制字为"0"，说明复合电压闭锁过电流保护只取低压侧电压闭锁。序号 53~68 控制字全为"0"，说明这些功能均不投入使用。

表 3-8　　　　　　　　　低压侧后备保护整定表——整定值

序号	项目	参数	序号	项目	参数
1	复合电压闭锁负序相电压定值	4V	6	复合电压闭锁方向过电流 IV 段定值	最大值
2	复合电压闭锁相间低电压定值	80V	7	复合电压闭锁方向过电流 V 段定值	最大值
3	复合电压闭锁方向过电流 I 段定值	6.25A	8	过电流 VI 段定值	最大值
4	复合电压闭锁方向过电流 II 段定值	5.15A	9	零序过电流 I 段定值	最大值
5	复合电压闭锁方向过电流 III 段定值	最大值	10	零序过电流 II 段定值	最大值

序号	项目	参数	序号	项目	参数
11	零序过电流Ⅲ段定值	最大值	40	过电流Ⅵ段投入	0
12	零序过电压定值	最大值	41	过电流Ⅰ段经复合电压闭锁	1
13	间隙零序过电流定值	最大值	42	过电流Ⅱ段经复合电压闭锁	0
14	过负荷定值	3300A	43	过电流Ⅲ段经复合电压闭锁	0
15	启动风冷电流定值	最大值	44	过电流Ⅳ段经复合电压闭锁	0
16	过载闭锁有载调压电流定值	最大值	45	过电流Ⅴ段经复合电压闭锁	0
17	复合电压闭锁过电流Ⅰ段时间 T_1	0.6s	46	过电流Ⅰ段经方向闭锁	0
18	复合电压闭锁过电流Ⅱ段时间 T_2	0.9s	47	过电流Ⅱ段经方向闭锁	0
19	复合电压闭锁过电流Ⅲ段时间 T_3	最大值	48	过电流Ⅲ段经方向闭锁	0
20	复合电压闭锁过电流Ⅳ段时间 T_4	最大值	49	过电流Ⅳ段经方向闭锁	0
21	复合电压闭锁过电流Ⅴ段时间 T_5	最大值	50	过电流Ⅴ段经方向闭锁	0
22	过电流Ⅵ段时间 T_6	最大值	51	过电流保护方向指向	0
23	零序过电流Ⅰ段一时限 T_{011}	最大值	52	过电流保护经其他侧复压闭锁	0
24	零序过电流Ⅰ段二时限 T_{012}	最大值	53	TV断线退出与电压有关的电流保护	0
25	零序过电流Ⅱ段一时限 T_{021}	最大值	54	零序过电流Ⅰ段一时限投入	0
26	零序过电流Ⅱ段二时限 T_{022}	最大值	55	零序过电流Ⅰ段二时限投入	0
27	零序过电流Ⅲ段时间 T_{03}	最大值	56	零序过电流Ⅱ段一时限投入	0
28	不接地时零序过电压一时限 T_{0u1}	最大值	57	零序过电流Ⅱ段二时限投入	0
29	不接地时零序过电压二时限 T_{0u2}	最大值	58	零序过电流Ⅲ段投入	0
30	间隙零序过电流一时限 T_{0jx1}	最大值	59	零序过电流Ⅰ段一时限经方向闭锁	0
31	间隙零序过电流二时限 T_{0jx2}	最大值	60	零序过电流Ⅰ段二时限经方向闭锁	0
32	过负荷延时 T_{gfh}	5s	61	零序过电流Ⅱ段一时限经方向闭锁	0
33	启动风冷延时 T_{qdfl}	最大值	62	零序过电流Ⅱ段二时限经方向闭锁	0
34	过载闭锁有载调压延时 T_{bsty}	最大值	63	零序保护方向指向	0
35	复压过电流Ⅰ段投入	1	64	零序过电压一时限投入	0
36	复压过电流Ⅱ段投入	1	65	零序过电压二时限投入	0
37	复压过电流Ⅲ段投入	0	66	间隙零序过电流一时限投入	0
38	复压过电流Ⅳ段投入	0	67	间隙零序过电流二时限投入	0
39	复压过电流Ⅴ段投入	0	68	间隙保护方式投入	0

3.5 整定计算任务

元件保护的整定计算可根据某一变电站内主变压器、母线的实际参数进行整定，也可根据某一小型电厂的实际参数进行整定示例，所给出的示例仅供参考，由指导教师根据设计要求自行拟定。

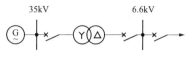

图 3-4　整定任务 1 一次接线简图

3.5.1　整定任务 1

如图 3-4 所示，某降压变压器的容量为 15MV·A，变比为 35(1±2.5%)/6.6kV，短路电压百分数 $U_k\% = 8\%$，Y，d11 接线，归算到 6.6kV 的系统最大电抗 $X_{s,max} = 0.289\Omega$，最小电抗 $X_{s,min} = 0.173\Omega$。低压侧最大负荷电流为 1060A。试对变压器纵联差动保护进行整定计算。

3.5.2　整定任务 2

某水电站升压变压器装设差动保护，一次接线简图如图 3-5 所示。已知：变压器容量为 12500kV·A，变比为 38.5（1±2×2.5%）/6.3kV，短路电压百分数为 $U_k = 7.5\%$，连接方式为 Y，d11；均归算到平均电压为 37kV 侧电抗值分别为：系统 $X_{s,min} = 6\Omega$、$X_{s,max} = 10\Omega$；变压器 $X_T = 8.2\Omega$；发电机 $X_{G,min} = 32.8\Omega$、$X_{G,max} = 68.5\Omega$。试进行变压器差动保护整定计算。

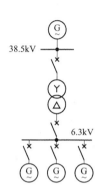

图 3-5　整定任务 2
一次接线简图

3.5.3　整定任务 3

某小型火力发电厂一次接线简图如图 3-6 所示。试对发电机 G、变压器 MT 及厂用变压器 AT 进行部分整定计算。

（1）系统参数。以机组升压变压器高压侧母线为界，计算得系统 S 参数标幺值如下（标准容量取为 100MV·A）：①系统最大运行方式下正序阻抗标幺值为 0.10154；②系统最大运行方式下零序阻抗标幺值为 0.11052；③系统最小运行方式下正序阻抗标幺值为 0.22114；④系统最小运行方式下零序阻抗标幺值为 0.27752。

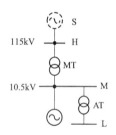

图 3-6　整定任务 3
一次接线简图

（2）主变压器 MT 参数。①容量 8MV·A；②高压侧电压 115kV；③低压侧电压 10.5kV；④接线方式为 Y，d11；⑤短路电压百分比为 10.5%；⑥变压器高压侧电流互感器变比为 400/5；⑦变压器低压侧电流互感器变比为 1000/5；⑧变压器中性点 TA 变比为 300/5；⑨变压器中性点间隙零序电流互感器变比为 100/5。

（3）发电机 G 参数。①功率 7.5MW；②功率因数 0.8；③发电机直轴同步电抗为 1.695；④直轴瞬变电抗为 0.1706 pu；⑤发电机次暂态电抗为 0.1269pu；⑥发电机电流互感器变比为 1000/5；⑦发电机额定电流（一次值）为 0.5155kA；⑧发电机出口额定电压为 10.5；⑨发电机对称过负荷热值系数为 37.5；⑩发电机对称过负荷散热系数为 1.05；⑪发电机反时限不对称过负荷热值系数为 10；⑫发电机不对称过负荷散热系数为 0.01。

（4）厂用变压器 AT 参数。①容量 2MV·A；②高压侧电压 10.5kV；③低压侧电压 0.4kV；④接线方式为 D，y1；⑤短路电压百分比为 8%；⑥变压器高压侧电流互感器变比为 150/5。

（5）保护配置。①发电机、变压器采用 DGT-801 型发电机变压器组保护装置；②厂用变压器采用 PST 693 型保护测控一体化装置。

3.5.4　整定任务 4

某小型 110kV 系统一次接线简图如图 3-7 所示。发电机参数见表 3-9，变压器参数见

表 3-10。①变压器均为 Y，d11 接线；②发电厂最大发电容量为 3×50MW，最小发电容量为 2×50MW；③标准容量为 100MV·A，系统 S 最大运行方式下电抗标幺值为 0.15，最小运行方式下电抗标幺值为 0.30；④变电站引出线上后备保护动作时间 $t = 2.0s$，后备保护 $\Delta t = 0.5s$；⑤线路单位电抗为 0.4Ω/km，长度为 30km，负荷功率因数为 0.85；⑥电压互感器变比为 110000/100。

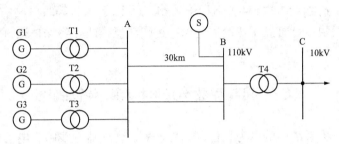

图 3-7　整定任务 4 一次接线简图

表 3-9　　　　　　　　　　　　　**发 电 机 参 数**

发电机	容量（MV·A）	额定电压（kV）	功率因数	次暂态电抗
G1、G2、G3	50	10.5	0.85	0.129

表 3-10　　　　　　　　　　　　　**变 压 器 参 数**

变压器	容量（MV·A）	额定电压比（kV）	短路百分数 U_k（%）
T1，T2	50	110±2×2.5%/10.5	10.5%
T3	60	110±2×2.5%/10.5	10.5%
T4	20	110±2×2.5%/11	10.5%

4 可编程数字式保护测控装置

M5 可编程数字式保护测控装置适用于 110kV 及以下电压等级电网的保护、控制、测量和监视。它的模块设计打破了传统固定保护逻辑功能模式，将保护逻辑需要用到的输入量模块化。

4.1 可编程数字式保护测控装置概述

能够实现当电力系统中的电力元件（如发电机、变压器、线路、电动机等）或电力系统本身发生故障，危及电力系统安全运行时，向运行值班人员及时发出警告信号，或直接向所控制的断路器发出跳闸命令以终止这些事件发展的一种自动化设备，一般通称为继电保护装置。数字式保护测控装置，是基于现代数字化技术的基础，集保护功能、测量功能、控制功能和通信功能为一体的微机继电保护装置。可编程概念是指用户可根据现场实际情况，对保护装置更改保护逻辑，更改工艺控制方式等，以满足现场的实际需求。

4.1.1 装置的工作原理

如图 4-1 所示，电力系统发生故障时（如过电流、接地、过电压等），故障电流、电压等模拟量信号，由电流互感器和电压互感器送达微机保护装置的数据采集单元，通过采样滤波，电量变换等转换成数字信号输入到数据处理单元，保护装置按规定的保护算法对故障信号进行保护运算，将运算结果与整定值比较，并进行分析判断。同时，断路器、接地开关、手车等辅助触点开关量，由开关量输入通道送入保护装置。保护装置根据判断，一旦确认故障确实存在于保护范围内，则发出事故跳闸或告警命令，由开关量输出通道送达控制部件（如断路器），驱动断路器跳闸，切除故障。同时通过通信方式，将故障信息与当前系统运行状态传送至监控中心或调度中心，实现远程监测与自动化控制。

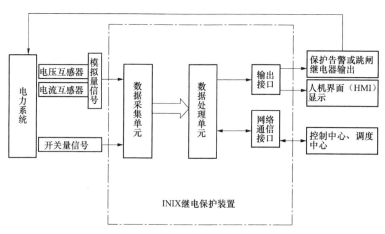

图 4-1 可编程数字是保护测控装置原理框图

4.1.2 装置的基本硬件结构

装置的基本硬件结构如图 4-2 所示。

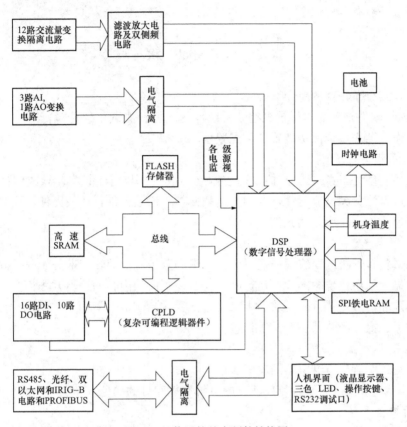

图 4-2 装置的基本硬件结构图

数据采集单元：一般由电量变换、低通滤波器、采样保持器、多路开关和模/数（A/D）变换器等构成。

数据采集器的作用：将电力系统一次设备的电流、电压等信号转换成数字信号送入数据处理单元，设置开关量信号（DI）通道是为了实时地监视断路器与其他辅助电器的状态信号，以保证保护正确动作。

数据处理单元：数据处理单元是 INIX 保护装置的核心，它是一个数字计算机单元（如DSP、FLASH 存储器等），用以存储必需的继电保护算法模型与运算程序及各种基准数据等。在接收输入的数字量信号后，自动按照规定的程序执行继电保护要求的相应算法，并与相应的基准数据（如设定的保护定值等）进行比较，以判断电力系统是否发生故障，然后输出判断结果，决定继电保护是否动作，给出相应的信号。

输出接口：微机保护装置输出的接口包括人机界面（HMI）面板上显示的信号（如指示灯、液晶显示）和保护出口跳闸或告警等，保护装置发出的跳闸或告警命令信号都采用继电器触点输出的方式。

网络通信接口：随着计算机技术的迅速发展，变电站基于微机的装置不断增多，变电站综合自动化已逐步实现。在变电站综合自动化系统中，微机保护装置除完成保护功能外，还通过通信接口箱进行内外监控中心传递故障信息、事件记录等。在变电站无人值班的情况下，监控中心可通过通信方式对微机保护装置实行远方监测与控制，如电量监测、状态监测、遥控操作等。

通信接口一般有 RS485 接口、以太网（RJ45）接口、光纤接口等。

4.2　PLP Shell　软　件

4.2.1　PLP Shell 软件简介

PLP Shell 软件是专为本保护测控装置设计的配置、测试用软件包，通过一系列的功能模块协同工作，彻底实现保护装置的可配置性。

1. 保护元件

保护元件有硬件 DI/DO，保护投退控制字，或门、与门、非门、异或门；过电压、欠电压元件，过电流、欠电流元件，低频、过频元件，谐波元件，比较元件，反时限元件，过热元件，滑差元件，比率差动元件。

2. 画面编辑平台

画面编辑包含开机画面编辑、运行画面编辑和监控画面编辑三部分。开机画面是指保护设备启动时显示的单色位图图片；运行画面与监视画面的内容和编辑方法相同，都是由背景单色位图图片和动点组成，只是在保护设备上现实的方式不同而已，主要用于显示主接线图、实时数据、操作断路器、开关等信息。

3. 输出平直平台

出口配置：配置出口继电器的电气属性。

指示灯配置：配置面板指示灯 LED 的电气属性和灯的颜色。

4. 逻辑编程平台

可根据要求以图元的方式设计保护逻辑，对 DI/DO/AC 及有关计算量、BOOL 全局变量、各种电压、电流、频率等保护元件、时间元件等资源进行正确有效的逻辑编程、编译、下载，从而实现线路、变压器、电动机等不同的保护功能。

5. 系统设置平台

系统设置包含装置运行参数设置、保护逻辑定值设置和时间同步三部分。运行参数是指保护设备运行时所需的配置信息，如修正系数、接线方式和通信等信息；保护逻辑定值是指保护投退控制字和元件动作限值；时间同步是指将保护设备的时钟设置为标准时间。

6. 系统调试平台

系统调试用于将装置当前值（包括测量值、统计值、数字输入值、保护逻辑状态值及事件报告等信息）以表格或图形方式显示，并检查测试装置继电器输出、指示灯输出是否正确。

7. 系统分析平台

矢量图：查看各模拟通道的角度和幅值便于检查模拟通道的接线是否正确，各通道的值是否正常。

出口测试：手动设置出口动作，查看各输出通道输出是否正确。

故障录波：每次录波均为触发时刻前 4 个周波，触发后 24 个周波，共 28 个周波的数据，每周波 32 点采样。在每个采样点都对 AC、DI、DO，可编程的逻辑事件及时标进行实时采集并记录。

SOE 事件记录：软件读取装置内存的 SOE 时间，可与故障录波结合分析故障原因。

4.2.2　PLP Shell 软件编程逻辑

保护设备的主要功能是将保护设备的当前和以前的输入信息进行一系列的操作（主要是逻辑操作），并将操作结果通过各种形式输出（如显示器输出、继电器输出、指示灯输出等）。由此看出逻辑在保护设备中的重要地位，逻辑的正确与否直接影响到电力系统的安全运行。

1. 逻辑管理

在项目选择区点击"逻辑编程"选项卡，然后再点击"PLC 逻辑信息"条目进入如图 4 - 3 所示的逻辑管理窗口。新建逻辑、删除逻辑、导入逻辑、导出逻辑、逻辑

的编译检验等操作如下：

图 4 - 3　选择逻辑

（1）选择逻辑。如果要对指定逻辑进行删除、上移、下移、单独编译检查操作或要在它前面插入新逻辑，就必须首先用鼠标左键单击该逻辑的序号按钮，选中该逻辑后，该逻辑行用反色显示，如图 4 - 3 的 2 号"监控跳闸"逻辑所示。

（2）新建逻辑。执行菜单命令"编辑｜新建逻辑"或单击工具按钮"🖹"建立一"未命名逻辑"，且该新建的逻辑已被选中。如果要在指定逻辑前面插入一新逻辑，应首先选中指定逻辑，然后执行菜单命令"编辑｜插入逻辑"或单击工具按钮"🖫"。

（3）删除逻辑。首先选中指定逻辑，然后执行菜单命令"编辑｜删除逻辑"或单击工具按钮"❌"。

（4）上移逻辑。首先选中指定逻辑，然后执行菜单命令"编辑｜上移逻辑"或单击工具

按钮"⬆"。

（5）下移逻辑。首先选中指定逻辑，然后执行菜单命令"编辑｜下移逻辑"或单击工具按钮"⬇"。

（6）导入逻辑。执行菜单命令"编辑｜导入逻辑"，弹出打开文件对话框，打开单个逻辑文件，将单个逻辑添加到逻辑列表。

（7）导出逻辑。首先选中指定逻辑，然后执行菜单命令"编辑｜导出逻辑"，弹出保存文件对话框，将指定逻辑保存到单个逻辑文件。

（8）导入所有逻辑。执行菜单命令"文件｜导入所有逻辑"，弹出打开文件对话框，打开逻辑组文件，删除所有原有逻辑，将打开的逻辑组添加到逻辑列表。

（9）导出所有逻辑。执行菜单命令"文件｜导出所有逻辑"，弹出保存文件对话框，将所有逻辑保存到逻辑组文件。

（10）编译逻辑。编译选择：逻辑首先选中指定逻辑，然后执行菜单命令"工具｜编译选择逻辑"或单击工具按钮"🔳"，弹出编译记录对话框如图 4-4 所示，显示编译结果。

全部编译：执行菜单命令"工具｜全部编译"或单击工具按钮"🔳"，弹出编译记录对话框如图 4-4 所示，显示编译结果。如果检查到某个逻辑有错，将停止编译并提示出错原因，且在逻辑编辑窗口选中出错元件。

图 4-4　编译记录对话框

逻辑编译后将在逻辑信息窗口中显示逻辑的统计信息，如使用变量数、使用重要元件数、逻辑长度、DSP 负荷及逻辑错误原因等信息。

（11）更改逻辑名称。有两种途径可以更改逻辑名称：①在项目选择区的树行窗口里选中要更改名称的逻辑项，再在逻辑项上单击逻辑名称变为可编辑状态，在编辑框内更改逻辑名称。②直接在逻辑信息窗口的逻辑名称栏更改逻辑名称。

注意：保护逻辑个数上限、保护逻辑数据长度、每个逻辑能用的各元件个数都由保护设备决定，每种类型的设备数目也是不同的，现有设备的保护逻辑个数上限为 50 个逻辑。

2. 逻辑编辑

在项目选择区点击"逻辑编程"选项卡，然后再点击需要编辑的逻辑条目进入如图 4-5

所示的逻辑编辑窗口，在该窗口内进行各逻辑的编辑。

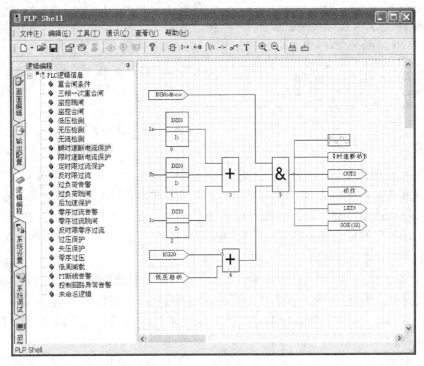

图 4-5 逻辑编辑

（1）功能模块。

1）新建功能模块。执行菜单命令"编辑｜功能模块"或单击工具按钮"⊞"，弹出如图 4-6 所示功能模块属性对话框，在名称栏选择需要添加的功能模块，在定义框内设置模块属性，点击确定按钮关闭对话框，将有一新的功能模块在光标下面，移动鼠标调整模块位置，按下鼠标左键放置模块，或按下鼠标右键取消新建功能模块。

各功能模块如下：

a. AND 与。在功能模块对话框"名称"栏选择"AND　与"条目，如图 4-6 所示。该模块实现逻辑与功能，允许 2～8 个数字输入，1 个数字输出，每个输入都可取反输入。

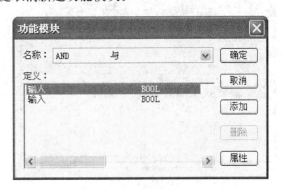

图 4-6 与门功能模块

在定义框内选中一输入条目，如果输入条目小于 8 条，此时"添加"按钮变为有效状态，点击"添加"按钮增加一条与当前选中条目属性相同的输入条目；如果输入条目达到 8 条，将不能再增加输入条目。

在定义框内选中一输入条目，如果输入条目大于 2 条且选中输入条目未连接，此时"删除"按钮变为有效状态，点击"删除"按钮删除选中的输入条目；如果输入条目等于 2 条或选中输入条目已经连接（这种情况只有在修改元件属性时可能输入条目已经连接），则不能执行删除操作。

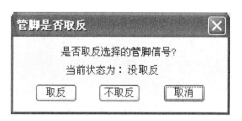

图 4-7　管脚信号

在定义框内选中一输入条目，此时"属性"按钮变为有效状态，点击"属性"按钮弹出如图 4-7 所示的管脚是否取反对话框，设置选中输入是否取反；或直接在定义框内双击一输入条目，也将弹出如图 4-7 所示的对话框，设置输入条目是否取反。

AND 与的逻辑关系：所有输入为 1，输出 1；否则输出 0。

b. OR 或。在功能模块对话框"名称"栏选择"OR　或"条目，如图 4-8 所示。该模块实现逻辑或功能，允许 2～8 个数字输入，1 个数字输出，每个输入都可取反输入。

在定义框内选中一输入条目，如果输入条目小于 8 条，此时"添加"按钮变为有效状态，点击"添加"按钮增加一条与当前选中条目属性相同的输入条目；如果输入条目达到 8 条，将不能再增加输入条目。

在定义框内选中一输入条目，如果输入条目大于 2 条且选中输入条目未连接，此时"删除"按钮变为有效状态，点击"删除"按钮删除选中的输入条目；如果输入条目等于 2 条或选中输入条目已经连接（这种情况只有在修改元件属性时可能输入条目已经连接），则不能执行删除操作。

在定义框内选中一输入条目，此时"属性"按钮变为有效状态，点击"属性"按钮弹出如图 4-7 所示的管脚是否取反对话框，设置选中输入是否取反；或直接在定义框内双击一输入条目也将弹出如图 4-7 所示的对话框，设置输入条目是否取反。

OR 或的逻辑关系：所有输入为 0，输出 0；否则输出 1。

c. NOT 非。在功能模块对话框"名称"栏选择"NOT　非"条目，如图 4-9 所示。该模块实现逻辑非功能，1 个数字输入，1 个数字输出。

图 4-8　或门功能模块

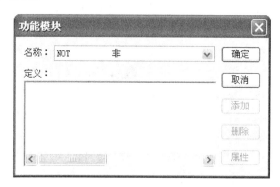

图 4-9　非门功能模块

该逻辑没有属性可设置。

NOT 非的逻辑关系：输入为 0，输出 1；输入为 1，输出 0。

d. XOR 异或。在功能模块对话框"名称"栏选择"XOR　异或"条目，如图 4-10 所示。该模块实现逻辑异或功能，2 个数字输入，1 个数字输出。

该逻辑没有属性可设置。

XOR 异或与逻辑关系：输入同为 0 或同为 1，输出 0；否则输出 1。

e.I＞过流（过电流）元件。在功能模块对话框"名称"栏选择"I＞ 过流元件"条目，如图 4-11 所示。该模块用于比较输入电流是否大于设定的定值，1 个电流输入，1 个电流定值输入，1 个数字输出。

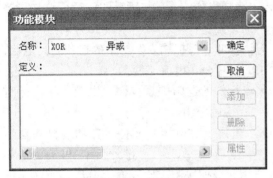

图 4-10　异或门功能模块

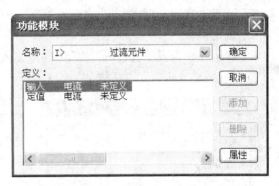

图 4-11　过流元件功能模块

选择输入电流：在定义框内选中"输入电流"条目，此时"属性"按钮变为有效状态，点击"属性"按钮弹出如图 4-12 所示的"选择模拟输入"对话框选择输入电流；或直接在定义框内双击"输入电流"条目，也将弹出如图 4-12 所示的对话框，选择输入电流。

选择电流定值：在定义框内选中"定值电流"条目，此时"属性"按钮变为有效状态，点击"属性"按钮弹出如图 4-13 所示的"选择模拟输入定值"对话框选择输入电流定值；或直接在定义框内双击"定值电流"条目，也将弹出如图 4-13 所示的对话框，选择输入电流定值。

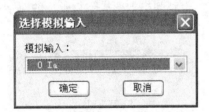

图 4-12　电流模拟量输入

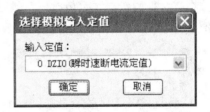

图 4-13　电流定制输入

提示：在设置该元件时"选择模拟输入"对话框的"模拟输入"栏中的选项全是电流，"选择模拟输入定值"对话框的"输入定值"栏中的选项全是电流定值。

I＞过流元件的逻辑关系：输入电流大于电流定值输出 1，否则输出 0。

f.I＜欠流（欠电流）元件。在功能模块对话框"名称"栏选择"I＜ 欠流元件"条目，如图 4-14 所示。该模块用于比较输入电流是否小于设定的定值，1 个电流输入，1 个电流定值输入，1 个数字输出。

选择输入电流：在定义框内选中"输入电流"条目，此时"属性"按钮变为有效状态，点

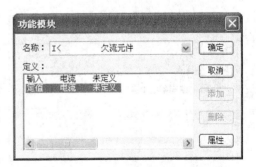

图 4-14　欠流元件功能模块

击"属性"按钮弹出如图4-12所示的"选择模拟输入"对话框选择输入电流；或直接在定义框内双击"输入电流"条目也将弹出如图4-12所示的对话框，选择输入电流。

选择电流定值：在定义框内选中"定值电流"条目，此时"属性"按钮变为有效状态，点击"属性"按钮弹出如图4-13所示的"选择模拟输入定值"对话框，选择输入电流定值；或直接在定义框内双击"定值电流"条目，也将弹出如图4-13所示的对话框，选择输入电流定值。

提示：在设置该元件时，"选择模拟输入"对话框的"模拟输入"栏中的选项全是电流，"选择模拟输入定值"对话框的"输入定值"栏中的选项全是电流定值。

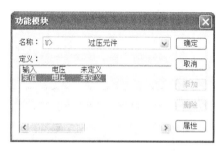

图4-15　过压元件功能模块

I<欠流元件的逻辑关系：输入电流小于电流定值，输出1；否则输出0。

g.U＞过压（过电压）元件。在功能模块对话框"名称"栏选择"U＞　过压元件"条目，如图4-15所示。该模块用于比较输入电压是否大于设定的定值，1个电压输入，1个电压定值输入，1个数字输出。

选择输入电压：在定义框内选中"输入电压"条目，此时"属性"按钮变为有效状态，点击"属性"按钮弹出如图4-16所示的"选择模拟输入"对话框，选择输入电压；或直接在定义框内双击"输入电压"条目，也将弹出如图4-16所示的对话框，选择输入电压。

选择电压定值：在定义框内选中"定值电压"条目，此时"属性"按钮变为有效状态，点击"属性"按钮弹出如图4-17所示的"选择模拟输入定值"对话框，选择输入电压定值；或直接在定义框内双击"定值电压"条目，也将弹出如图4-17所示的对话框，选择输入电压定值。

图4-16　电压模拟量输入 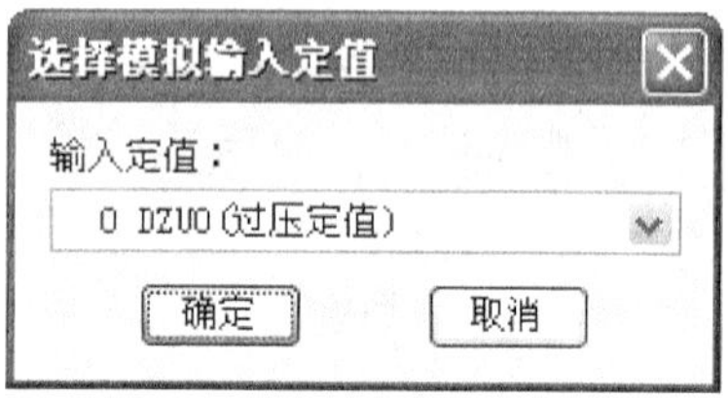　　　　　图4-17　电压定制输入

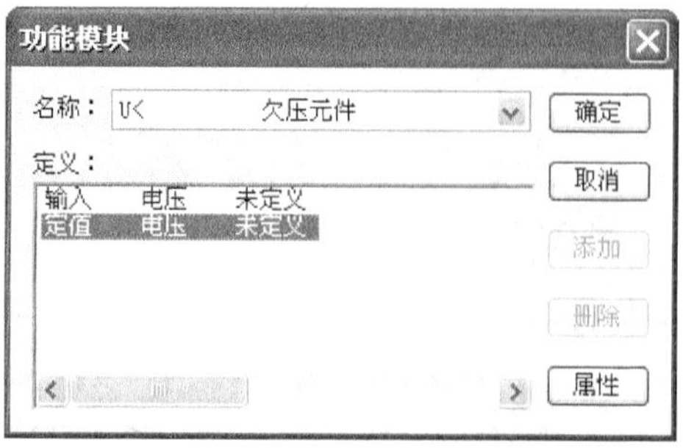

提示：在设置该元件时，"选择模拟输入"对话框的"模拟输入"栏中的选项全是电压，"选择模拟输入定值"对话框的"输入定值"栏中的选项全是电压定值。

U＞过压元件的逻辑关系：输入电压大于电压定值，输出1；否则输出0。

h.U<欠压（欠电压）元件。在功能模块对话框"名称"栏选择"U<　欠压元件"条目，如图4-18所示。该模块用于比较输入电压是否

图4-18　欠压元件功能模块

小于设定的定值，1 个电压输入，1 个电压定值输入，1 个数字输出。

选择输入电压：在定义框内选中"输入电压"条目，此时"属性"按钮变为有效状态，点击"属性"按钮弹出如图 4-16 所示的"选择模拟输入"对话框，选择输入电压；或直接在定义框内双击"输入电压"条目，也将弹出如图 4-16 所示的对话框，选择输入电压。

选择电压定值：在定义框内选中"定值电压"条目，此时"属性"按钮变为有效状态，点击"属性"按钮弹出如图 4-17 所示的"选择模拟输入定值"对话框，选择输入电压定值；或直接在定义框内双击"定值电压"条目，也将弹出如图 4-17 所示的对话框，选择输入电压定值。

提示：在设置该元件时，"选择模拟输入"对话框的"模拟输入"栏中的选项全是电压，"选择模拟输入定值"对话框的"输入定值"栏中的选项全是电压定值。

U＜欠压元件的逻辑关系：输入电压小于电压定值，输出 1；否则输出 0。

i. F＞过频元件。在功能模块对话框"名称"栏选择"F＞ 过频元件"条目，如图 4-19 所示。该模块用于比较输入频率是否大于设定的定值，1 个频率输入，1 个频率定值输入，1 个数字输出。

选择输入频率：在定义框内选中"输入频率"条目，此时"属性"按钮变为有效状态，点击"属性"按钮弹出如图 4-20 所示的"选择模拟输入"对话框，选择输入频率；或直接在定义框内双击"输入频率"条目，也将弹出如图 4-20 所示的对话框，选择输入频率。

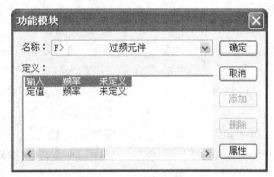

图 4-19 过频元件功能模块

选择频率定值：在定义框内选中"定值频率"条目，此时"属性"按钮变为有效状态，点击"属性"按钮弹出如图 4-21 所示的"选择模拟输入定值"对话框，选择输入频率定值；或直接在定义框内双击"定值频率"条目，也将弹出如图 4-21 所示的对话框，选择输入频率定值。

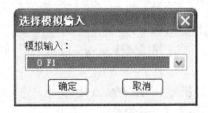

图 4-20 频率模拟量输入

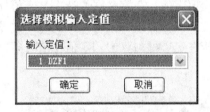

图 4-21 频率定值输入

提示：在设置该元件时，"选择模拟输入"对话框的"模拟输入"栏中的选项全是频率，"选择模拟输入定值"对话框的"输入定值"栏中的选项全是频率定值。

F＞过频元件的逻辑关系：输入频率大于频率定值输出 1，否则输出 0。

j. F＜低频元件。在功能模块对话框"名称"栏选择"F＜ 低频元件"条目，如图 4-22 所示。该模块用于比较输入频率是否小于设定的定值，1 个频率输入，1 个频率定值输入，1 个数字输出。

图 4 - 22　低频元件功能模块

选择输入频率：在定义框内选中"输入频率"条目，此时"属性"按钮变为有效状态，点击"属性"按钮弹出如图 4 - 20 所示的"选择模拟输入"对话框，选择输入频率；或直接在定义框内双击"输入频率"条目，也将弹出如图 4 - 20 所示的对话框，选择输入频率。

选择频率定值：在定义框内选中"定值频率"条目，此时"属性"按钮变为有效状态，点击"属性"按钮弹出如图 4 - 21 所示的"选择模拟输入定值"对话框，选择输入频率定值；或直接在定义框内双击"定值频率"条目，也将弹出如图 4 - 21 所示的对话框，选择输入频率定值。

提示：在设置该元件时，"选择模拟输入"对话框的"模拟输入"栏中的选项全是频率，"选择模拟输入定值"对话框的"输入定值"栏中的选项全是频率定值。

F<低频元件的逻辑关系：输入频率小于频率定值，输出 1；否则输出 0。

k. In/I1> 谐波分量元件。在功能模块对话框"名称"栏选择"In/I1> 谐波分量元件"条目，如图 4 - 23 所示；该模块用于比较输入谐波分量是否大于设定的定值，1 个谐波分量输入，1 个比值定值输入，1 个数字输出。

选择输入谐波分量：在定义框内选中"输入谐波分量"条目，此时"属性"按钮变为有效状态，点击"属性"按钮弹出如图 4 - 20 所示的"选择模拟输入"对话框，选择输入谐波分量；或直接在定义框内双击"输入谐波分量"条目，

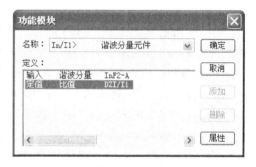

图 4 - 23　谐波分量元件功能模块

也将弹出如图 4 - 20 所示的对话框，选择输入谐波分量。

选择比值定值：在定义框内选中"定值比值"条目，此时"属性"按钮变为有效状态，点击"属性"按钮弹出如图 4 - 21 所示的"选择模拟输入定值"对话框，选择输入比值定值；或直接在定义框内双击"定值比值"条目，也将弹出如图 4 - 21 所示的对话框，选择输入比值定值。

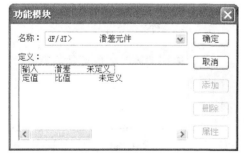

图 4 - 24　滑差元件功能模块

提示：在设置该元件时"选择模拟输入"对话框的"模拟输入"栏中的选项全是谐波分量，"选择模拟输入定值"对话框的"输入定值"栏中的选项全是谐波分量比值定值。

In/I1 谐波分量元件的逻辑关系：输入谐波分量大于比值定值，输出 1；否则输出 0。

l. dF/dT>滑差元件。在功能模块对话框"名称"栏选择"dF/dT> 滑差元件"条目，如图 4 - 24 所示。该模块用于比较输入滑差系数

是否大于设定的定值，1 个滑差输入，1 个比值定值输入，1 个数字输出。

选择输入滑差系数：在定义框内选中"输入滑差"条目，此时"属性"按钮变为有效状态，点击"属性"按钮弹出如图 4-20 所示的"选择模拟输入"对话框选择输入滑差；或直接在定义框内双击"输入滑差"条目，也将弹出如图 4-20 所示的对话框，选择输入滑差系数。

选择比值定值：在定义框内选中"定值比值"条目，此时"属性"按钮变为有效状态，点击"属性"按钮弹出如图 4-21 所示的"选择模拟输入定值"对话框，选择输入比值定值；或直接在定义框内双击"定值比值"条目，也将弹出如图 4-21 所示的对话框，选择输入比值定值。

提示：在设置该元件时"选择模拟输入"对话框的"模拟输入"栏中的选项全是滑差系数，"选择模拟输入定值"对话框的"输入定值"栏中的选项全是滑差系数比值定值。

dF/dT＞滑差元件逻辑关系：输入滑差系数大于比值定值，输出 1；否则输出 0。

m. T1 延时启动元件。在功能模块对话框"名称"栏选择"T1　延时启动元件"条目，如图 4-25 所示。该模块在逻辑中实现延迟操作，1 个时间定值输入，1 个数字输出。

选择启动延时定值：在定义框内选中"定值启动延时"条目，此时"属性"按钮变为有效状态，点击"属性"按钮弹出如图 4-21 所示的"选择模拟输入定值"对话框，选择输入时间定值；或直接在定义框内双击"定值启动延时"条目，也将弹出如图 4-21 所示的对话框，选择输入时间定值。

提示：在设置该元件时，"选择模拟输入定值"对话框的"输入定值"栏中的选项全是时间定值。

T1 延时启动元件的逻辑关系：输入为 0，输出 0；输入为 1，延迟设定的时间后输出 1。

n. T2 延时返回元件。在功能模块对话框"名称"栏选择"T2　延时返回元件"条目，如图 4-26 所示。该模块在逻辑中实现延迟返回操作，1 个时间定值输入，1 个数字输出。

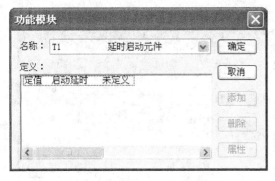

图 4-25　延时启动元件功能模块

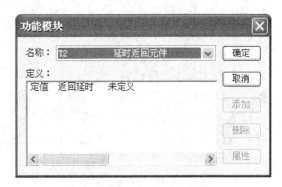

图 4-26　延时返回元件功能模块

选择返回延时定值：在定义框内选中"定值返回延时"条目，此时"属性"按钮变为有效状态，点击"属性"按钮弹出如图 4-21 所示的"选择模拟输入定值"对话框，选择输入时间定值；或直接在定义框内双击"定值返回延时"条目，也将弹出如图 4-21 所示的对话框，选择输入时间定值。

提示：在设置该元件时，"选择模拟输入定值"对话框的"输入定值"栏中的选项全是时间定值。

T2 延时返回元件的逻辑关系：输入为 0，输出 0；输入为 1，输出 1，且延迟设定的时间后输出 0。

o. T1/T2 延时启动延时返回元件。在功能模块对话框"名称"栏选择"T1/T2 延时启动延时返回元件"条目，如图 4-27 所示。该模块在逻辑中实现延时启动延迟返回操作，1 个延时启动时间定值输入，1 个延迟返回时间定值输入，1 个数字输出。

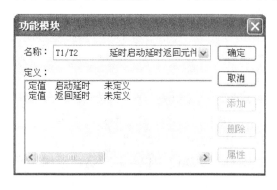

图 4-27　延时启动和延时返回元件功能模块

选择启动延时定值：在定义框内选中"定值启动延时"条目，此时"属性"按钮变为有效状态，点击"属性"按钮弹出如图 4-21 所示的"选择模拟输入定值"对话框，选择输入时间定值；或直接在定义框内双击"定值启动延时"条目，也将弹出如图 4-21 所示的对话框，选择输入时间定值。

选择返回延时定值：在定义框内选中"定值返回延时"条目，此时"属性"按钮变为有效状态，点击"属性"按钮弹出如图 4-21 所示的"选择模拟输入定值"对话框，选择输入时间定值；或直接在定义框内双击"定值返回延时"条目，也将弹出如图 4-21 所示的对话框，选择输入时间定值。

提示：在设置该元件时，"选择模拟输入定值"对话框的"输入定值"栏中的选项全是时间定值。

T1/T2 延时启动延时返回元件的逻辑关系：输入为 0，延迟设定的时间后输出 0；输入为 1，且延迟设定的时间后输出 1。

p. REST 反时限元件。在功能模块对话框"名称"栏选择"REST 反时限元件"条目，如图 4-28 所示。该模块在逻辑中实现反时限功能，1 个模拟输入，1 个模拟定值输入，1 个特性曲线定值输入，1 个时间定值输入，1 个数字输出。

选择模拟输入：在定义框内选中"输入模入"条目，此时"属性"按钮变为有效状态，点击"属性"按钮弹出如图 4-20 所示的"选择模拟输入"对话框，选择输入模拟点；或直接在定义框内双击"输入模入"条目，也将弹出如图 4-20 所示的对话框，选择输入模拟点。

选择输入定值：在定义框内选中"定值"条目，此时"属性"按钮变为有效状态，点击"属性"按钮弹出如图 4-21 所示

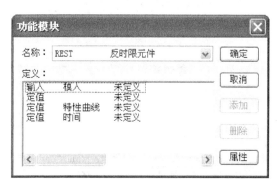

图 4-28　反时限元件功能模块

的"选择模拟输入定值"对话框，选择相应定值；或直接在定义框内双击"定值"条目，也将弹出如图 4-21 所示的对话框，选择定值。

选择特性曲线：在定义框内选中"定值特性曲线"条目，此时"属性"按钮变为有效状态，点击"属性"按钮弹出如图 4-21 所示的"选择模拟输入定值"对话框，选择特性曲线；或直接在定义框内双击"定值特性曲线"条目，也将弹出如图 4-21 所示的对话框，选择特性曲线。

选择时间定值：在定义框内选中"定值时间"条目，此时"属性"按钮变为有效状态，点击"属性"按钮弹出如图 4-21 所示的"选择模拟输入定值"对话框，选择输入时间定值；或直接在定义框内双击"定值时间"条目，也将弹出如图 4-21 所示的对话框，选择输入时间定值。

q. CMP 比较元件。在功能模块对话框"名称"栏选择"CMP 比较元件"条目，如图 4-29 所示。该模块用于比较输入模拟量是否大于设定的定值，1 个模拟量输入，1 个定值输入，1 个数字输出。

选择输入模拟量：在定义框内选中"输入模入"条目，此时"属性"按钮变为有效状态，点击"属性"按钮弹出如图 4-20 所示的"选择模拟输入"对话框，选择输入模拟量；或直接在定义框内双击"输入模入"条目，也将弹出如图 4-20 所示的对话框，选择输入模拟量。

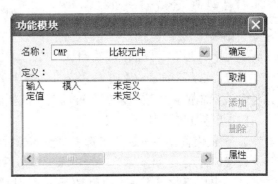

图 4-29 比较元件功能模块

选择定值：在定义框内选中"定值"条目，此时"属性"按钮变为有效状态，点击"属性"按钮弹出如图 4-21 所示的"选择模拟输入定值"对话框，选择输入电压定值；或直接在定义框内双击"定值"条目，也将弹出如图 4-21 所示的对话框，选择输入定值。

CMP 比较元件的逻辑关系：输入模拟量大于定值，输出 1；否则输出 0。

2）调整功能模块。

a. 调整位置：用鼠标单击选中功能模块后直接用鼠标拖动调整模块位置。

b. 更改属性：用鼠标单击选中功能模块后再双击弹出属性对话框设置模块属性。

c. 删除模块：用鼠标单击选中功能模块后执行菜单命令"编辑｜删除"。

（2）输入资源。

1）新建输入资源。执行菜单命令"编辑｜输入资源"或单击工具按钮"I→"，弹出如图 4-30 所示的输入资源对话框，在名称栏选择需要添加的输入资源，点击确定按钮关闭对话框，将有一新的输入资源在光标下面，移动鼠标调整输入资源位置，按下鼠标左键放置输入资源，或按下鼠标右键取消新建输入资源。

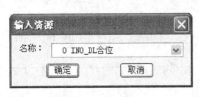

图 4-30 输入资源

2）调整输入资源。

a. 整位置：用鼠标单击选中输入资源后，直接用鼠标拖动调整输入资源位置。

b. 改属性：用鼠标单击选中输入资源后，再双击弹出属性对话框选择输入资源。

c. 删除资源：用鼠标单击选中输入资源后执行菜单命令"编辑｜删除"。

（3）输出变量。

1）新建输出变量。执行菜单命令"编辑｜输出变量"或单击工具按钮"←0"，弹出如图 4-31 所示的全局变量输出对话框，在名称栏选择需要添加的输出变量，点击确定按钮关闭对话框，将有一新的输出变量在光标下面，移动鼠标调整输出变量位置，按下鼠标左键放置输出变量，或按下鼠标右键取消新建输出变量。

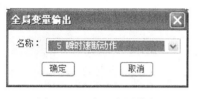

图 4 - 31　全局变量输出

2）调整输出变量。

a. 调整位置：用鼠标单击选中输出变量后，直接用鼠标拖动调整输出变量位置。

b. 更改属性：用鼠标单击选中输出变量后，再双击弹出属性对话框选择输出变量。

c. 删除变量：用鼠标单击选中输出变量后执行菜单命令"编辑｜删除"。

（4）录波标志。录波标志用于启动故障录波，当其输入为 1 时启动故障录波。

1）新建录波标志。单击工具按钮"$\lceil\ln$"，将有一新的录波标志在光标下面，移动鼠标调整录波标志位置，按下鼠标左键放置录波标志，或按下鼠标右键取消新建录波标志。

2）调整录波标志。

a. 调整位置：用鼠标单击选中录波标志后，直接用鼠标拖动调整录波标志位置。

b. 删除标志：用鼠标单击选中录波标志后执行菜单命令"编辑｜删除"。

（5）出口资源。逻辑出口就是保护逻辑执行结果的输出，包括动作于继电器、指示灯输出和记录 SOE 事件，以及告警输出等。

1）新建出口元件。执行菜单命令"编辑｜出口资源"或单击工具按钮"$\diagup$"，弹出如图 4 - 32 所示出口元件对话框，在名称栏选择需要添加的出口元件，点击确定按钮关闭对话框，将有一新的出口元件在光标下面，移动鼠标调整出口元件位置，按下鼠标左键放置出口元件，或按下鼠标右键取消新建出口元件。

2）调整出口元件。

a. 调整位置：用鼠标单击选中出口元件后，直接用鼠标拖动调整出口元件位置。

b. 更改属性：用鼠标单击选中出口元件后，再双击弹出属性对话框选择出口元件。

图 4 - 32　出口元件

c. 删除出口：用鼠标单击选中出口元件后执行菜单命令"编辑｜删除"。

（6）连线。连线是连接输入、功能模块、输出之间逻辑关系的纽带，连线与执行顺序一起决定各元件之间的关系。

在非连线模式下执行菜单命令"编辑｜连线"或单击工具按钮"$\square^{\square}$"，进入连线模式（光标变为$+$），单击鼠标右键退出连线模式。将鼠标移动到能够连线的位置，光标下将显示一红圆圈"$\circ$"，表示该点可以连线，单击鼠标左键从该点开始连线，移动鼠标，在需要有拐点的位置，也单击鼠标左键建立拐点，鼠标移动到可以与连线开始点连接的位置，光标下也将显示一红圆圈"$\circ$"，表示该点可以连线，单击鼠标左键连线完成，或单击鼠标右键取消连线。

在非连线模式下用鼠标左键单击连接线，选中该连接线，选择后线条变为红色；或用鼠标左键双击连线，将选中与该连线有连通的所有连线。连线在被中该状态下可以对其进行调整或删除操作。

（7）设置运行顺序。执行菜单命令"工具｜设置运行顺序"，进入如图4-33所示的运行顺序设置模式，进入该模式后用鼠标左键点击功能元件调整元件执行顺序，单击鼠标右键退出该模式。

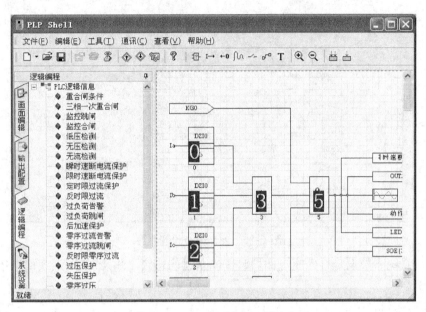

图4-33　运行顺序设置模式

（8）设置元件字体。执行菜单命令"工具｜元件字体"，弹出字体选择对话框选择所有元件字体。

（9）添加说明文本。

1）新建说明文本。执行菜单命令"编辑｜文本（说明）"或单击工具按钮"**T**"，弹出如图4-34所示的说明文本对话框，在文本编辑框中输入说明文本，单击字体按钮选择文本字体和文本颜色，点击确定按钮关闭对话框，将有一新的说明文本在光标下面，移动鼠标调整说明文本位置，按下鼠标左键放置说明文本，或按下鼠标右键取消新建说明文本。

2）调整说明文本。

a. 调整位置：用鼠标单击选中说明文本后，直接用鼠标拖动调整说明文本位置。

b. 更改属性：用鼠标单击选中说明文本后，用鼠标双击弹出属性对话框设置说明文本属性。

c. 删除出口：用鼠标单击选中说明文本后，执行菜单命令"编辑｜删除"。

图4-34　说明文本

3. 系统设置

（1）参数设置。在编辑模式，单击项目选择区左边的"系统设置"选项卡，单击参数设置图标进入如图4-35所示的系统参数设置界面。装置类型不同，系统参数的组数和各组参数条目有所不同，具体有哪些参数组、每组有哪些参数和每个参数的有效值范围请参考对应装置的使用说明书的系统参数部分。

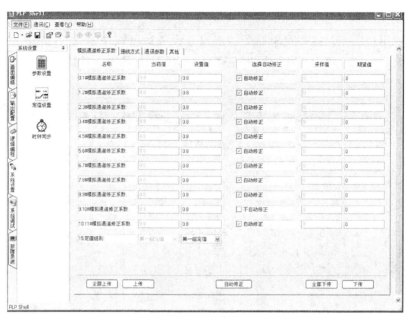

图 4 - 35　系统参数设置界面

要进行系统参数设置首先应与保护装置建立通信连接，并且知道每个系统参数的作用及有效值范围。

1）窗口条目介绍。

a. 分组按钮：分组按钮位于编辑区顶部，用于实现参数的分组；用鼠标单击一分组按钮进入该组参数视图。

b. 标题栏：标题栏位于分组按钮下，用于说明该列的功能与属性；如果该组参数有"模拟通道修正系数"类型参数标题栏，如图 4 - 35 所示；否则如图 4 - 36 所示。

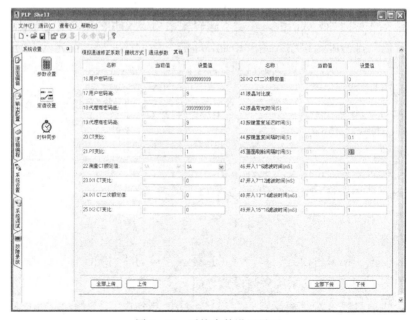

图 4 - 36　系统参数设置界面

　　c. 参数条目：参数条目位于标题栏下，一般包含名称窗口、显示设备当前值的不可编辑窗口和可编辑的设置值窗口，其中设置值窗口的类型和可选择或输入的值要根据该参数属性而定；如果该组参数有"模拟通道修正系数"类型参数，参数条目排列如图 4-35 所示的一行一条参数；否则如图 4-36 所示，一行两条参数。

　　d. 功能按钮：功能按钮位于编辑区底部，用于实现参数的上传、下传和修正功能；以下对各按钮功能分别进行介绍。

　　a）全部上传。单击该按钮把各组参数上传到计算机，上传成功后当前值栏和设置值栏都将显示设备当前的参数值；如果上传成功将显示成功提示框，否则显示失败提示框。

　　b）上传。单击该按钮只把当前组参数上传到计算机，上传成功后当前值栏和设置值栏都将显示设备当前的参数值；如果上传成功将显示成功提示框，否则显示失败提示框。

　　c）全部下传。单击该按钮把各组参数的设置值下传到保护设备，下传成功后当前值栏和设置值栏都将显示设备新的参数值；如果下传成功将显示成功提示框，否则显示失败提示框。

　　d）下传。单击该按钮只把当前组参数的设置值下传到保护设备，下传成功后当前值栏和设置值栏都将显示设备新的参数值；如果下传成功将显示成功提示框，否则显示失败提示框。

　　e）自动修正。该按钮只显示在有"模拟通道修正系数"类型参数的组下。单击该按钮，只有把当前组的参数选择了自动修正的"模拟通道修正系数"类型的参数，该条目才能进行自动修正，自动修正成功后，当前值栏和设置值栏都将显示设备新的参数值；如果修正成功将显示成功提示框，否则显示失败提示框。

　　2）推荐系统参数设置步骤如下：

　　a. 建立通信连接。

　　b. 点击"全部上传"按钮，上传所有系统参数。

　　c. 在该组需要修改的参数条目的"设置值"栏输入或选择新的参数值。

　　d. 确认该组所有参数值正确。

　　e. 点击"下传"按钮，将该组参数下传到设备。

　　f. 检查该组参数是否全部设置好，如果还有未设置好的参数请回到步骤 c。

　　g. 点击下一组分组按钮重新从步骤 c 开始，直到所有的参数组都设置好。

　　3）模拟通道修正系数自动修正。模拟通道修正系数自动修正是只根据通道当前采样值和当前设备的通道修正系数，以及输入的期望值来对该通道修正系数进行调整。如果输入的期望值过大或过小有可能发生失调，请注意期望值的范围。

　　各模拟通道的采样值在与保护设备通信正常的情况下是实时的。

　　提示：该程序已经对可能发生失调的现象进行了闭锁，请放心使用自动修正功能。

　　（2）定值设置。在编辑模式，单击项目选择区左边的"系统设置"选项卡，单击定值设置图标进入如图 4-37 所示的定值设置界面。定值是根据保护逻辑分组的，如果该逻辑有定值项或有保护控制字项，就有该保护逻辑的定值设置组，否则没有。其中各定值项的有效值范围不同，类型装置有所不同，请参考对应装置的使用说明书的保护定值部分。

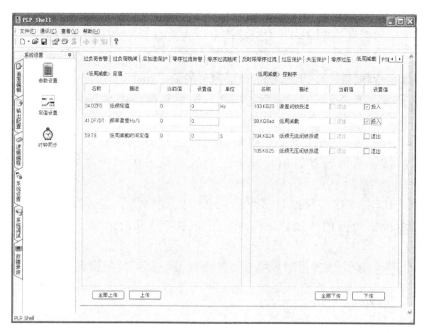

图 4-37　保护定值设置界面

　　要进行保护逻辑定值的设置首先应该与保护装置建立通信连接，并且知道每个保护定值的作用及有效值范围；还要注意多个逻辑都引用了同一个保护定值的情况，如果这个保护定值不能同时满足这些逻辑的要求，就应该调整保护逻辑，使各保护逻辑使用的定值都相对独立。

　　1) 窗口条目介绍。

　　a. 分组按钮：分组按钮位于编辑区顶部，用于实现保护逻辑定值的分组；用鼠标单击一分组按钮进入该组保护逻辑定值视图。

　　b. 定值类型分组框：将保护逻辑定值的普通定值和控制字定值分开，如图 4-37 所示的左边是普通定值设置部分，右边是控制字定值设置部分；并且分组框标题栏中有保护逻辑名称，指明当前设置的定值是该保护逻辑引用的。

　　c. 标题栏：标题栏位于分组框标题栏下，用于说明该列的功能与属性；左边部分是普通定值标题栏，右边部分是控制字定值标题栏。

　　d. 普通定值条目：普通定值条目位于普通定值标题栏下，每个条目包含名称窗口、描述该定值的描述窗口、不可编辑的显示设备当前值窗口、可编辑的设置值窗口和定值单位窗口，其中设置值窗口的输入值的范围不同、装置不同，条目有所不同，请参考对应装置的使用说明书。

　　e. 控制字定值条目：控制字定值条目位于控制字定值标题栏下，每个条目包含名称窗口、描述该控制字的描述窗口、不可编辑的显示设备当前值窗口、可编辑的设置值窗口，其中控制字在投入的情况如图 4-37 所示的前两个控制字。

　　f. 功能按钮：功能按钮位于编辑区底部，用于实现定值的上传、下传。以下对各按钮功能分别进行介绍。

　　a) 全部上传。单击该按钮把所有逻辑的定值上传到计算机，上传成功后当前值栏和设置值栏都将显示设备当前的定值；如果上传成功将显示成功提示框，否则显示失败提示框。

b）上传。单击该按钮只把当前逻辑的定值上传到计算机，上传成功后当前值栏和设置值栏都将显示设备当前的参数值；如果上传成功将显示成功提示框，否则显示失败提示框。

c）全部下传。单击该按钮把各逻辑的定值的设置值下传到保护设备，下传成功后当前值栏和设置值栏都将显示设备新的参数值；如果下传成功将显示成功提示框，否则显示失败提示框。

d）下传。单击该按钮只把当前逻辑的定值的设置值下传到保护设备，下传成功后当前值栏和设置值栏都将显示设备新的参数值；如果下传成功将显示成功提示框，否则显示失败提示框。

2）推荐设置逻辑定值步骤如下：

a. 建立通讯连接。

b. 点击"全部上传"按钮，上传所有逻辑定值。

c. 在该组需要修改的定值条目的"设置值"栏输入新的定值。

d. 确认该组所有定值正确。

e. 点击"下传"按钮，将该组定值下传到设备。

f. 检查该组定值是否全部设置好，如果还有未设置好的定值请回到步骤c。

g. 点击下一组分组按钮重新从步骤c开始，直到所有逻辑的定值都设置好。

（3）时钟同步。在编辑模式，单击项目选择区左边的"系统设置"选项卡，单击时钟同步图标进入如图4-38所示的时钟同步设置界面。时钟同步用于将设备的时钟与计算机时钟进行同步或设置设备的时钟。

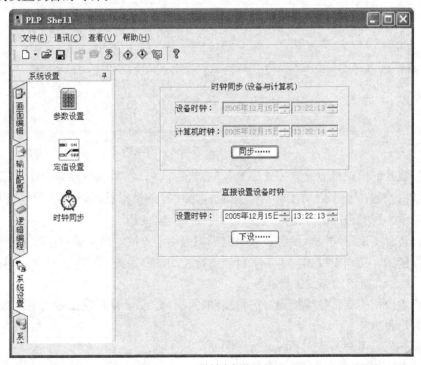

图4-38　时钟同步设置界面

要对保护设备进行时钟同步或设置保护设备的时钟首先应该建立与设备的通信连接，通信连接后，设备时钟栏将实时显示设备的当前日期和时间。

1）时钟同步。直接单击"同步……"按钮，将计算机当前时间和日期设置到保护设备；如果同步成功将显示同步成功提示框，否则显示同步失败提示框。

2）直接设置设备时钟。在设置时钟栏输入需要设置的日期和时间后，直接单击"下设……"按钮，将输入的时间和日期设置到保护设备；如果设置成功将显示设置成功提示框，否则显示设置失败提示框。

4. 系统调试

系统调试用于将装置当前值（包括测量值、统计值、数字输入值、保护逻辑状态值及事件报告等信息）以表格或图形方式显示和测试装置继电器输出、指示灯输出是否正确。

（1）模拟量值。在编辑模式，单击项目选择区左边的"系统调试"选项卡，单击模拟量值图标进入如图 4 - 39 所示的系统模拟量值查看视图。

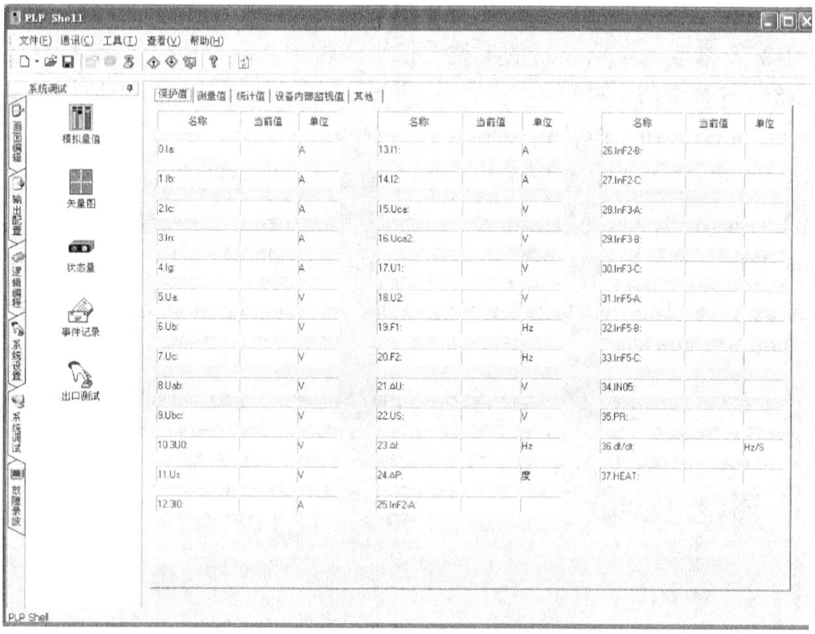

图 4 - 39　系统模拟量值查看视图

要查看装置的模拟量值首先建立与装置的通信连接，然后执行菜单命令"工具｜更新"或点击工具栏按钮"⟳"启动实时刷新功能，此时每条模拟量的当前值栏将显示装置的实时值。通过单击视图顶部的分组按钮查看各组模拟量实时值。

说明：装置类型不同模拟量组数和每组模拟量可能不同，请查看对应装置的使用手册。

（2）矢量图。在编辑模式，单击项目选择区左边的"系统调试"选项卡，单击矢量图图标进入如图 4 - 40 所示的矢量图查看视图。

矢量图主要用于查看各模拟通道的角度和幅值，以便于检查模拟通道的接线是否正确，各通道的值是否正常。

以下对如何显示和调整矢量图进行详细介绍。

1）建立与装置的通信连接。

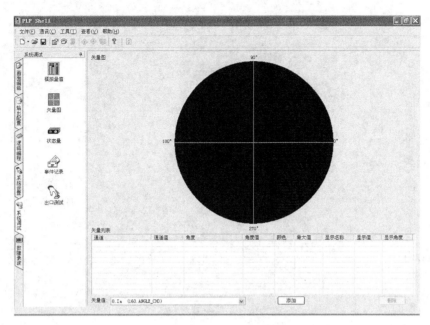

图 4 - 40   矢量图

2）然后执行菜单命令"工具｜更新"或点击工具栏按钮""启动实时刷新功能。

3）添加需要显示的矢量到矢量列表。

a. 在矢量值下拉列表框中选择需要显示的矢量（注意此时不应该选中矢量列表中的任何矢量，因为这样会修改选中的矢量）。

b. 单击"添加"按钮将选择的矢量添加到矢量列表。

c. 注意最多能够添加 16 条矢量。

4）调整矢量。

a. 要调整矢量，首先要在矢量列表中选中需要调整的矢量。

b. 改变显示通道：在矢量值下拉列表框中选择需要显示的矢量。

c. 设置矢量显示颜色：双击颜色图标，弹出颜色选择对话框，选择颜色。

d. 设置矢量最大幅值：双击最大值栏，该栏数字变为可编辑状态，输入该矢量的最大幅值（矢量将根据该值调整长度，如果该值太小，将可能显示不下该矢量）。

e. 设置是否在矢量上显示矢量名称：直接双击显示名称栏，将在显示名称与不显示名称之间进行切换（打勾表示显示，打叉表示不显示）。

f. 设置是否在矢量上显示矢量幅值：直接双击显示值栏，将在显示幅值与不显示幅值之间进行切换（打勾表示显示，打叉表示不显示）。

g. 设置是否在矢量上显示矢量角度：直接双击显示角度栏，将在显示角度与不显示角度之间进行切换（打勾表示显示，打叉表示不显示）。

h. 删除矢量：单击"删除"按钮，删除当前选择的矢量。

（3）状态量。在编辑模式，单击项目选择区左边的"系统调试"选项卡，单击状态量图标进入如图 4 - 41 所示的状态量值查看视图。

要查看装置的状态量值首先建立与装置的通信连接，然后执行菜单命令"工具｜更新"

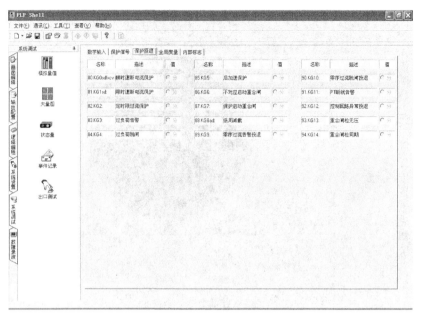

图 4-41　状态量值查看视图

或点击工具栏按钮"⟳"启动实时刷新功能，此时每条状态量值栏将显示装置的实时值。通过单击视图顶部的分组按钮查看各组状态量实时值。

说明：装置类型不同状态量组数和每组状态量可能不同，请查看对应装置的使用手册。

（4）事件记录。在编辑模式，单击项目选择区左边的"系统调试"选项卡，单击事件记录图标进入如图 4-42 所示的事件记录查看视图。

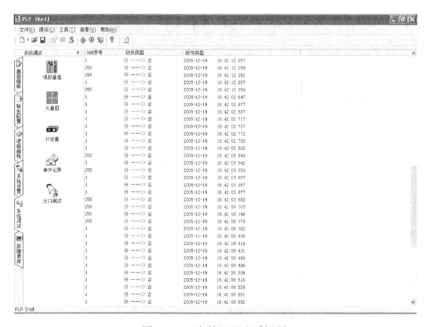

图 4-42　事件记录查看视图

要查看装置的事件记录首先建立与装置的通信连接，然后执行菜单命令"工具｜更新"

或点击工具栏按钮"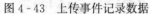"弹出如图4-43所示的上传事件记录对话框，从装置上传所有的事件记录，上传完成后上传对话框变成图4-44所示的形式，再单击"完成"按钮关闭对话框，事件记录值查看视图将显示装置上所有的事件记录。

图4-43　上传事件记录数据　　　　　　　　　图4-44　上传事件记录数据完成

（5）出口测试。出口测试用于检查装置的出口继电器和指示灯动作是否正常。要测试出口继电器需要将装置的出口继电器部分连接到继电器测试回路，或用一只万用表来测量继电器出口的通断。请不要在装置已经连接了断路器等受控设备的情况下使用该功能，以免造成事故。

在编辑模式，单击项目选择区左边的"系统调试"选项卡，单击出口测试图标进入如图4-45所示的出口测试视图。

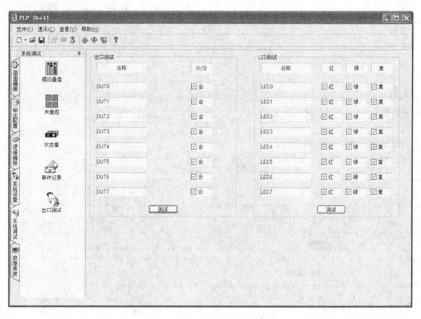

图4-45　出口测试视图

视图的左边部分用于出口继电器测试，在与装置通信连接好的情况下，选择要求继电器最终动作情况后，单击出口测试部分的"测试"按钮，将把装置的继电器设置为要求的动作状态，可以通过测试回路或万用表观察到每个继电器是否正确动作。

视图的左边部分用于装置的指示灯测试，在与装置通信连接好的情况下，选择好要求各指示灯的亮/灭状态后，单击LED测试部分的"测试"按钮，将把装置的指示灯设置为要求的亮/灭状态，通过观察装置前面板的各指示灯检查动作是否正确。

5. 故障录波

该软件的故障录波部分采用标准的 COMTRADE 数据格式，以图形和数据方式显示故障前后保护装置各模拟通道、数字通道的输入、输出值，以及保护装置内部各保护元件动作状态等值，用以分析故障原因和判定保护装置动作是否正确。

在编辑模式，单击项目选择区左边的"故障录波"选项卡，进入如图 4-46 所示的故障录波分析视图。

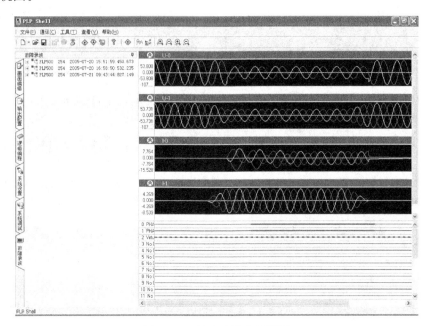

图 4-46　故障录波分析视图

（1）故障录波工具一览表见表 4-1。

表 4-1　　　　　　　　　　　　　　故障录波工具一览表

工具栏按钮	菜单条目	功能说明
⬆	工具｜上传录波	从保护装置上传录波数据
ﬨ	工具｜波形设置	设置显示波形属性
ﬨ	工具｜状态设置	设置显示状态属性
⊕	工具｜纵向放大	纵向增加波形放大倍数
⊖	工具｜纵向缩小	纵向缩小波形放大倍数
⊕	工具｜横向放大	横向增加放大倍数
⊖	工具｜横向缩小	横向缩小放大倍数

（2）上传录波数据。要执行该命令，首先必须与保护装置建立通信连接。执行该命令将弹出如图 4-47 所示的上传录波数据对话框，上传完成后上传对话框变成图 4-48 的形式，再单击"完成"按钮关闭对话框，所有的录波都将重新加载到项目选择区的录波树形列表中，然后通过鼠标选择查看各录波。

图4-47 上传录波数据　　　　　　　　图4-48 上传录波数据完成

（3）波形设置。执行该命令将弹出如图4-49所示的波形设置对话框，下面分别对各窗口的功能作用进行介绍。

图4-49 波形设置

1）波形组下拉列表框：用于选择要编辑的波形组。

2）"显示"选择框：用于设置下拉列表框中选中的波形组是否在波形视图上显示。

3）"调整"按钮：用于添加、删除录波组，调整录波组顺序，单击该按钮将弹出如图4-50所示的调整对话框对录波组进行调整。

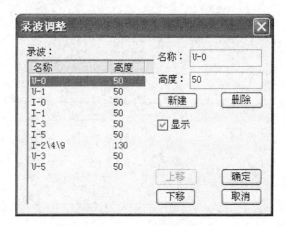

图4-50 录波组调整

　　4）该组波形列表：显示下拉列表框中选中的波形组的所有波形，在这里可以设置各波形的显示颜色，添加、删除波形操作。

　　（4）状态设置。状态设置用于设置数字量值在 0、1 状态时显示的颜色和线形，以及是否在状态视图上显示。执行该命令将弹出如图 4-51 所示的状态设置对话框，单击线色按钮弹出颜色选择对话框设置在各状态下显示的颜色；直接在线宽下拉列表框中选择各状态下显示的线宽；鼠标双击一状态条目，该条目的显示属性将在显示与不显示之间切换。

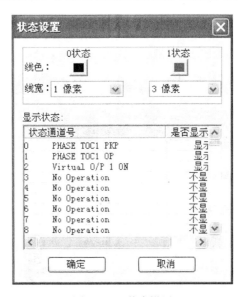

图 4-51　状态设置

5 可编程数字式保护测控装置的测试

5.1 110kV 线路保护装置与实验

5.1.1 目的意义与主要任务

自行设计或根据给定的 110kV 电力系统图进行相应的故障设计与整定计算，得到一套与 M5 保护装置相配的整定参数进行以下实验：

（1）使用 M5 可编程线路继电保护装置，参照整定的具体数据对保护装置进行接线和调试。

（2）熟悉线路保护中距离保护、三段电流保护、零序保护等保护的动作原理和动作逻辑。

（3）应用与 M5 保护测控装置配合的 PLP Shell 软件中的资源进行正确有效的逻辑编程、编译、下载，实现 M5 的保护及控制功能，并且在继保之星测试仪上进行测试试验。

5.1.2 实验内容

（1）对电流 I、II、III 段保护，零序电流和重合闸等的保护功能分别进行相应的逻辑编译。

（2）逻辑编译完成后进行系统设置，把完成后的设置通过通信链接全部下传到 M5 保护装置，如有错误再行修改后并下传。

（3）将继保之星测试仪连接至设备 INIX，然后打开继保之星测试仪中的线路保护模块进行校验。将相应保护的整定数值输入，使整定值与软件 PLP Shell 中的整定值一样，然后点击投入，此时，在继保之星测试仪中页面中会出现运行结果。

5.1.3 实验步骤

应用 PLP Shell 软件为 M5 保护测控装置中配置的保护功能进行逻辑编译，并通过一系列的功能模块实现保护装置的可配置性。该软件具有以下特点：

（1）系统采用模块化设计，各模块相对独立，具有很好的扩展性和灵活性。

（2）与装置的通信采用串口或以太网方式，连接方便且可实现远程维护。

（3）操作系统选用 Windows NT、Windows 2000、Windows XP，采用面向对象的程序设计方法，使得系统具有良好的通用性和移植性。系统运行稳定可靠。

工具介绍包括以下几个部分：

（1）工具栏。

图标	功能	说明
📄	（新建工程）	根据选择的设备类型新建工程
📂	（打开工程）	打开指定工程文件
📋	（设置）	设置与装置通信的属性
☎	（连接）	建立与装置的通信
☎	（断开）	断开与装置的通信

⬆ （上传工程）　　　　　　　　　　从设备上传工程，并且保存到文件

🎴 （设备序列号）　　　　　　　　　从设备取得序列号，并且说明其含义

❓ （关于 PLP Shell）　　　　　　　显示程序信息，版本号和版权

（2）菜单栏如图 5-1 所示。菜单放置与窗口的顶部，包含用户可以操作的所有功能。

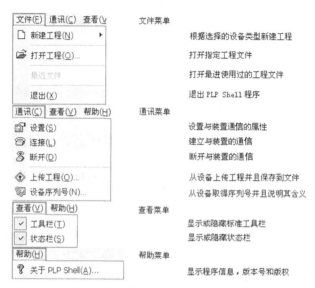

图 5-1　菜单栏

（3）状态栏。状态栏一般位于窗口的下部，主要用于显示提示信息。

打开工程并且连接到设备 INIX 的步骤如下：

（1）双击打开 PLP Shell 软件（如图 5-2 所示），其次单击菜单"文件｜打开工程"或单击工具栏"📂（打开工程）"，即可弹出如图 5-1 所示的打开文件对话框，从中选择需要打开的工程文件，在编辑模式，如果在打开工程前改变了工程数据但未保存，程序将提示保存工程数据。

图 5-2　工程文件栏

（2）打开工程后会出现以下界面：如图 5-3 所示。

（3）通信（通讯）设置并且将打开的工程连接到设备 INIX。

通信设置的窗口如图 5-4 所示。

通信设置好之后，点击连接按钮，如果设置正确的话会连接成功，如果设置失败的话会出现连接串口失败对话框。

（4）系统设置：在如图 5-5 所示对话框中设置，根据自己选定的序网图和自己整定计算的结果，将其输入相应的单位栏里面。

设置好参数后，点击下传或全部下传按钮，此时，计算机中的数据会传输到设备 INIX 中，两者达到同步。

（5）矢量图及故障录波。为了更直观的观察实验数据，在软件 PLP Shell 中可以查看电流、电压，频率的故障波形及矢量图，对分析实验结果有很大的帮助。

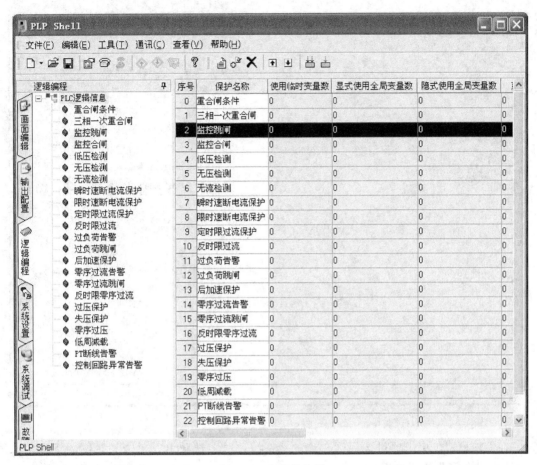

图 5-3 逻辑信息栏

图 5-4 通信设置

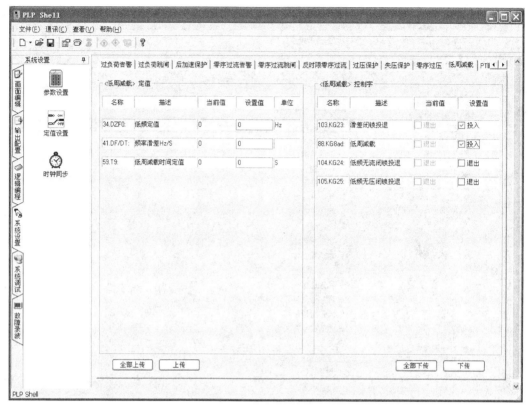

图 5-5 系统设置

在编辑模式，单击项目选择区左边的"系统调试"选项卡，单击矢量图图标进入如图 5-6所示的矢量图查看视图。

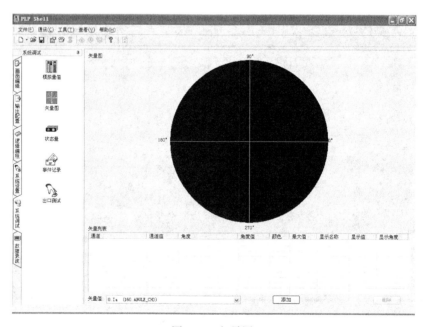

图 5-6 矢量图

注：矢量图主要用于查看各模拟通道的角度和幅值，以便于检查模拟通道的接线是否正确，各通道的值是否正常。

在编辑模式，单击项目选择区左边的"故障录波"选项卡，进入如图 5-7 所示的故障录波分析视图。

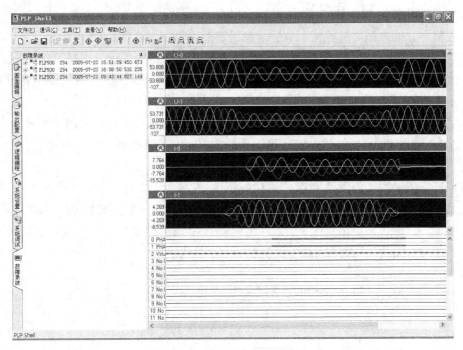

图 5-7 故障录波分析视图

5.2 M7D-T 可编程差动继电保护装置测试实验

5.2.1 目的意义与主要任务

自行设计或根据给定的电力系统图中的变压器进行相应的故障设计与整定计算，得到一套与 M7D-T 保护装置相配的整定参数进行以下实验：

（1）使用 M7D-T 可编程线路继电保护装置，参照整定的具体数据对保护装置进行接线和调试。

（2）熟悉变压器的主保护（差动保护、非电量保护等）及后备保护（复合电压过电流保护、间隙零序保护等）的动作逻辑。

（3）应用与 M7D-T 装置配合的 PLP Shell 软件中的资源进行正确有效的逻辑编程、编译、下载，实现 M7D-T 的保护及控制功能，并且在继保之星测试仪上进行测试试验。

5.2.2 实验内容

（1）对差动保护、复合电压过电流保护、间隙零序保护等的保护功能分别进行相应的逻辑编译。

（2）逻辑编译完成后进行系统设置，把完成后的设置通过通信链接全部下传到 M7D-T 保护装置，如有错误再行修改后并下传。

（3）将继保之星测试仪连接至设备 INIX，然后打开继保之星测试仪中的线路保护模块进行校验。将相应保护的整定数值输入，使整定值与软件 PLP Shell 中的整定值一样，然后点击投入，此时，在继保之星测试仪中页面中会出现运行结果。

5.2.3　实验步骤

（1）通过配套的 PLP Shell 软件包就可以在 Windows 环境下用逻辑图形符号对保护元件、输入信号、继电器出口、指示灯、故障录波触发等资源进行编程。

（2）利用 PLP Shell 软件包来进行变压器各保护的逻辑的编写，并且可以通过此软件可以实时监控数据、显示相角矢量图、状态、SOE 事件和故障录波图等，对装置进行设定、调试和修改工作。

（3）应用继保之星测试仪将相关交流量输入装置中来进行各保护的测试实验。

5.2.4　使用 PLP Shell 软件编写逻辑及与 M7D‐T 通信举例

例如：差动速断保护及纵差动保护逻辑。

（1）逻辑图说明。差动速断保护逻辑如图 5‐8 所示，其中：U87P 代表差动速段电流值，此元件为过电流元件，输入电流 Id1、Id2、Id3 分别为三相差动电流，当输入电流超过定值则输出"1"，否则输出"0"；E87U 为差动速断保护控制字，代表差动速断保护投退，投入为"1"，否则为"0"；Trip 代表跳闸；LED10 代表 M7D‐T 上的跳闸指示灯亮；87U

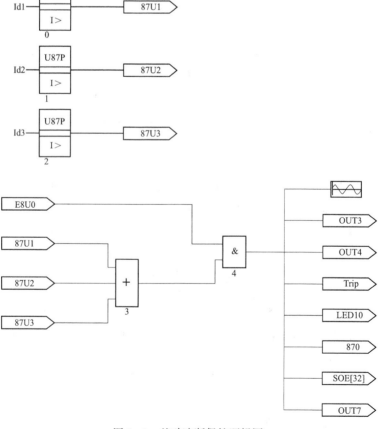

图 5‐8　差动速断保护逻辑图

代表差动速断保护总输出（87U1～87U3 为各相差动速断逻辑输出）；SOE（32）代表差动速断保护事件记录。

差动速断保护三相过电流为"或"关系，当差动速断保护投入，即控制字为"1"，三相中有一相电流超过差动速断保护的定值，则或门输出为"1"，最终输出为"1"，保护出口跳闸。两项条件其中一项不满足，则保护不动作。

纵差保护逻辑图如图 5-9 所示，设置二次谐波制动及 TA（CT）断线闭锁，其中：E2HB 代表二次谐波制动保护投退控制字，E87R 代表比率差动投退控制字，ECTB 代表 TA（CT）断线闭锁投退控制字，投入为"1"，否则为"0"；PCT2 代表二次谐波百分比，若输入谐波分量大于比值定值输出"1"，否则输出"0"；2HB 代表二次谐波制动总输出（2HB1～2HB3 为各相谐波制动逻辑输出）；O87P 比率差动启动量，元件为双斜率比率差动元件，输入电流 Id1，Id2，Id3 是各相差动电流，输入电流 Ir1，Ir2，Ir3 是各相制动电流；

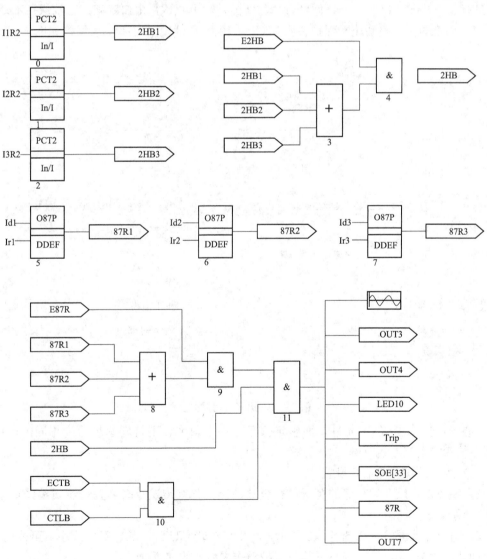

图 5-9 纵差保护逻辑图

CTLB 代表 TA（CT）断线与否，断线为“1”，否则为“0”。SOE（33）代表比率差动事件记录。

若二次谐波制动投入，各相二次谐波百分比与定值比较，有一相超过二次谐波百分比定值，输出结果经“或”门，输出为“1”。又与二次谐波制动控制字经“与”门，输出“1”，（即 2HB=“1”）将比率制动保护闭锁，否则输出为“0”，开放锁比率制动保护。谐波元件可用于选择性地闭锁比率差动元件。当差动电流的谐波含量（与基波的比值）超过一门限值时，就闭锁比率差动的跳闸。这样就避免在变压器励磁涌流（2 次谐波）情况下误动作。

若 TA 断线闭锁投入，若有 TA 断线即为“1”，经“与”门，TA 断线输出为“1”。将比率制动保护闭锁。否则输出为“0”，开放比率制动保护。

若将比率制动，二次谐波制动，断线闭锁投入。即各项控制字为“1”，当三相中任一相差动电流在动作区，输出“1”。经“或”门，输出“1”，三相二次谐波百分数小于定值，又 TA 没有断线状况，以上三个条件经过“与”门，输出“1”，出口跳闸。否则保护不动作。

（2）参数设置。差动速断保护参数如图 5-10 所示设置。比率差动保护如图 5-11 所示设置。

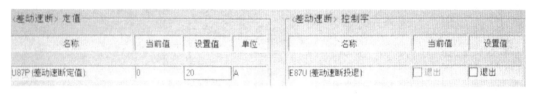

〈差动速断〉定值

名称	当前值	设置值	单位
U87P（差动速断定值）	0	20	A

〈差动速断〉控制字

名称	当前值	设置值
E87U（差动速断投退）	退出	退出

图 5-10 差动速断保护参数

差动速断 | 双斜率比率差动 | 复合电压 | 复合电压过电流 | 间隙零序一段跳闸 | 零序过压告警 | 轻瓦斯告警 | 重瓦斯跳闸 | 压力释放跳闸

〈双斜率比率差动〉定值

名称	当前值	设置值	单位
PCT2（二次谐波百分比）	15	15	%
O87P（比率差动启动量）	0.24	0.24	Ie
IRS1（折线1终点值）	7.66	7.66	Ie
SLP1（折线1斜率）	0.3	0.3	
SLP2（折线2斜率）	0.3	0.3	

〈双斜率比率差动〉控制字

名称	当前值	设置值
E87R（比率差动保护投退）	投入	投入
ECTB（CT断线闭锁投退）	退出	退出
E2HB（二次谐波闭锁投退）	退出	退出

图 5-11 比率差动保护参数

注：由于选用双斜率元件，而整定值只有一个斜率，则将斜率填写为相同的值；I_e为变压器的额定电流，折算到 TA 二次侧。

（3）逻辑编译及通信等设置。

1）编译是对以上编写好的逻辑进行全部编译，若有错误及时修正，逻辑编译记录如图 5-12 所示。

2）出口配置调整。如图 5-13 所示，将出口配置 OUT7，脉冲宽度改小，可改为“2”，即脉冲宽度为 20ms，使得进行试验时保护动作之后能快速返回。

3）通信设置连接设备及逻辑下载。M7D-T 前面板下方有一翻盖滑块，打开翻盖滑块，

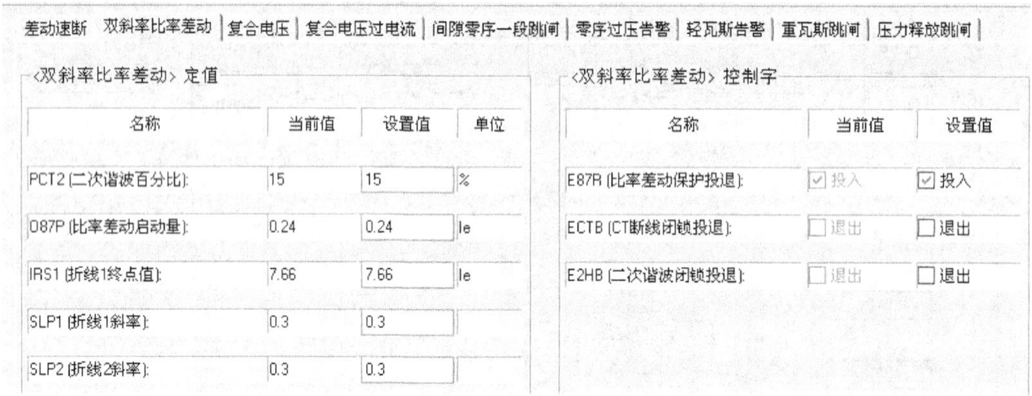

图 5-12　逻辑编译记录

图 5-13　出口配置调整

内有 DB9 型九针通信端口，用于连接安装有 PLP Shell®软件包的 PC 机的 RS 232 接口（DB9）。确认此端口与电脑接口连接正确，在 PLP Shell 软件上进行通信设置如图 5-14 所示。

图 5-14　通讯设置

连接时使用串口连接、COM4 通道，速率选为 19200bit/s，数据位选 8，偶校验，1 位停止位，通信地址为 254。（注：每台电脑的连接时使用通道可能不一致，需按实际情况更改。）

连接成功后进行逻辑下载，将需要的逻辑下载到保护装置 M7D-T 中。

5.2.5　逻辑编译完成后的变压器主保护试验

（1）变压器参数设置。在 M7D-T 装置中对"变压器参数"进行设置：选择定值菜单中的"变压器参数"画面，使用上键、下键移动光标选择需要修改项，按"确认"键即可进行定值设置，此时会弹出密码输入画面，输入正确密码后按"确认"键即进入定值设置状态。变压器参数明细表及本次设计变压器相关数据见表 5-1，定值项为实验所要输入的值。

表 5 - 1　　　　　　　　　变压器参数明细表及本次设计变压器相关数据

序号	符号	定值名称	范围	步长	缺省值	系数	单位	定值
1	MVA	变压器额定容量	0.2～998.9	0.1	12.5	0.1	MVA	20.0
2	TRCON	变压器接线方式	0～5	1	0			1
3	CTCON	TA 接线方式	0～1	1	0			0
4	U1N	本侧额定线电压	1～299.9	0.1	10	0.1	kV	110.0
5	U2N	对侧额定线电压	1～299.9	0.1	1	0.1	kV	11.0
6	CTR1	本侧 TA 变比	1～10000	1	100			40
7	CTR2	对侧 TA 变比	1～10000	1	100			400

　　注　(1) TRCON 为变压器的接线方式，共 6 种接线方式，在 M7D - T 中，0～5 分别表示 Y/Y - 12、Y/△ - 11、Y/△ - 1、△/Y - 11、△/Y - 1、△/△ 变压器接线方式。

　　　　(2) CTCON 为 TA 接线方式，有两种，"0" 表示全星形接线方式，"1" 表示非全星形接线方式。

　　此处变压器是 Y/△ - 11 连接，所以 TRCON＝"1"；又采用全星形接线方式，所以 CTCON＝"0"。电流互感器变比由计算设定。其余参数按给定变压器参数设定。

　　(2) 差动保护实验接线及其实验定值。

　　1) 差动保护实验接线。差动保护可用 6 路电流进行试验，也可用 3 路电流试验。本次可使用 6 路电流进行试验，实验时将测试仪的第一组三相电流 IA、IB、IC、IN 分别与 M7D - T 装置高压侧电流端 I_a、I_b、I_c、I_n 相连，再将测试仪的第二组三相电流 I_a、I_b、I_c、I_n 分别与 M7D - T 装置低压侧电流端 I_a、I_b、I_c、I_n 相连即可。其中试验仪继 I_N、I_n 是接入 M7D - T 的同一个端口 I_n。继保之星测试仪开入量公共端（白线）与 M7D - T 跳闸出口正端相连。继保之星测试仪开入量 a（蓝线）与 M7D - T 跳闸出口负端相连。

　　2) 差动保护实验定值整定及控制字整定。变压器差动保护 M7D - T 保护装置定值整定见表 5 - 2。

表 5 - 2　　　　　　　　　　　差动保护实验定值设置

保护名称	名称	描述	初始化参数
差动速段	U87P	差动速段电流值	$5I_e$
双斜率比率差动	PCT2	二次谐波百分比	15%
	O87P	比率差动启动量	$0.24I_e$
	IRS1	折线 1 终点值	$7.66I_e$
	SLP1	折线 1 的斜率	0.3
	SLP2	折线 2 的斜率	0.3

　　差动保护投入差动速断及双斜率比率差动即将 M7D - T 中 E87U 设置为 "1"，即投入该保护。

　　(3) 差动保护特性实验。使用继保之星测试系统的 "差动保护试验" 模块，进行差动保护特性实验，对比率制动特性进行搜索，修改主界面项目中的差动动作门槛值、差动动作速断值与拐点，以及变压器的参数，使之和保护装置中的设置相同，设置不相同将影响实验进行。

　　1) 进行继保之星软件设置。

a. 已知变压器参数为容量 20MV·A；电压 110±2×2.5%/11kV；接线方式 Y/△-12。按照变压器具体参数修改"差动保护试验"模块下"设备参数设置"中的额定容量值、额定电压值及接线方式。

b. 接线方式选择"高压侧/低压"为"Y/△"；平衡系数选择"由额定电压和 TA 变比计算"；因为变压器接线为 Y/△，两侧不同相位，本实验装置 M7D-T 是直接对星形高压侧进行相位补偿的，所以在软件中也要对高压侧进行补偿，因此相位调整项选"高压侧"。

c. 计算公式项，选择微机差动 $I_r = (|I_h| + |I_l|)/k$，$k = 2.000$。

d. 电流类型选择标幺值，方便输入参数进行试验。使得试验参数设置中的差动动作速断值为 5.000，差动动作门槛值为 0.24。

2）比率制动特性搜索。

a. "项目测试"中的测试项目选择"比例制动边界搜索"，测试方式和搜索方式分别选择"六路电流差动"和"双向逼近"，测试时间和间断时间为 0.3s 和 0.3s，分辨率为 0.01。分辨率越小，"双向逼近"精确度越高，但耗时长。

b. 由于之前整定的是单斜率比率制动特性，所以"比例制动"中只要选择"拐点一"，其整定值为 $0.8I_e$，所以拐点设置为 0.8 即可，斜率设置为 0.3，电流相对误差设置为 5%。

c. 设置制动电流和差动电流的初值以及终值，一般起点要设在非动作区，终点要设在动作区，可设置制动电流初值为 0.500，终值为 9.000，步长设为 1.000；差动电流初值为 0.000，终值为 4.000，步长设为 0.200。

d. 添加序列，开始搜索，测试结果的报告见 5.2.6，实验报告 1。

e. 所得的差动保护比率制动特性如图 5-15 所示。

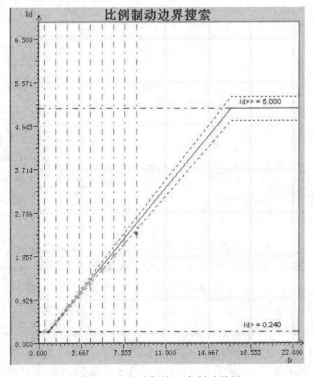

图 5-15 差动保护比率制动特性

3）谐波制动特性搜索。

a. "项目测试"中的测试项目选择"谐波制动边界搜索"，测试方式和搜索方式分别选择"六路电流差动"和"双向逼近"，测试时间和间断时间为 0.3s 和 0.3s，分辨率为 0.01。

b. "谐波制动"下参数定义中谐波次数为 2，谐波角度 180°，选择 HV 侧谐波，LV 侧差流；"误差参数设置"中，谐波系数整定值 15%，谐波系数相对误差 5%。

c. 设置差动电流初值为 0.800，终值为 5.000。

d. 添加序列，开始搜索，测试结果的报告见 5.2.6，实验报告 2。

e. 所得的差动保护谐波制动特性如图 5-16 所示。

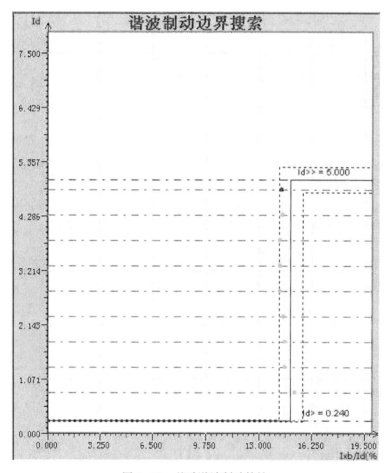

图 5-16　差动谐波制动特性

（4）实验结果分析。比率制动边界搜索结果分析：根据实验报告 1 比例制动特性搜索报告与图 5-15 中的比率制动特性图可以看出，仪器所测状态的实际差动电流都在特性曲线误差范围内，保护能够顺利动作。实际差动电流与整定的差动电流之间的偏差几乎都在误差范围内。动作时间也较为迅速，均在 200ms 以下。由此得出差动保护的比率制动特性良好。

谐波制动边界搜索结果分析。根据实验报告 2 谐波制动特性搜索报告与图 5-16 中的谐波制动特性图可以看出，所测得的实际制动系数与整定的制动系数之间的误差不大，相对误差均低于允许相对误差的 5%。动作时间也较为迅速，能快速跳闸切除故障。保护的谐波动作边界已经搜出，均在特性曲线两边，由此得出差动保护的谐波制动特性良好。

5.2.6 变压器差动保护特性试验实验报告

根据设计的变压器容量、电压等级、整定计算的一次/二次电流等相应的参数，把它设置在继保测试仪 - 1600 变压器差动实验的软件中，见表 5 - 3 和表 5 - 4，并通过 M7D - T 保护装置进行验证设计的合理性。

表 5 - 3　　　　　　　　　　比率制动边界搜索测试报告——设备参数设置

设置项	高压侧	低压侧
额定容量值	20.000MVA	20.000MVA
额定电压值	110.000kV	11.000kV
一次额定电流值	104.976A	1049.759A
二次额定电流值	2.624A	2.624A
TA 变比值	40.000	400.000
平衡系数值	1.000	1.000
接线方式	Y	D - 11

表 5 - 4　　　　　　　　　　比率制动边界搜索测试报告——设备参数设置

设置项	高压侧	低压侧
额定容量值	20.000MVA	20.000MVA
额定电压值	110.000kV	11.000kV
一次额定电流值	104.976A	1049.759A
二次额定电流值	2.624A	2.624A
TA 变比值	40.000	400.000
平衡系数值	1.000	1.000
接线方式	Y	D - 11

通过继保测试仪 - 1600 变压器差动实验和谐波制动实验得到一组比率差动和谐波制动实验数据，见实验报告 1、实验报告 2，从实验报告中可以分析出设计的合理性和装置的运行结果正确性。

实验报告 1　　　　　　　　　　比率制动边界搜索测试报告——试验结果值

序号	状态	I_r	整定 I_d	实际 I_d	偏差	动作时间
1	★	0.500	0.240	0.242A	0.911%	0.123s
2	★	1.500	0.450	0.445A	1.042%	0.050s
3	★	2.500	0.750	0.734A	2.083%	0.035s
4	★	3.500	1.050	1.000A	4.762%	0.034s
5	★	4.500	1.350	1.250A	7.407%	0.035s
6	★	5.500	1.650	1.555A	5.777%	0.032s
7	★	6.500	1.950	1.836A	5.849%	0.033s
8	★	7.500	2.250	2.148A	4.514%	0.032s
9	★	8.500	2.550	2.336A	8.395%	0.034s

实验报告 2   **比率制动边界搜索测试报告——试验结果值**

序号	状态	基波分量	谐波分量	整定 I_r 系数	实际 I_r 系数	偏差	动作时间
1	★	0.800	0.122A	15.000%	15.234%	1.538%	0.428s
2	★	1.300	0.190A	15.000%	14.625%	2.564%	0.507s
3	★	1.800	0.263A	15.000%	14.625%	2.564%	0.434s
4	★	2.300	0.335A	15.000%	14.568%	2.966%	0.403s
5	★	2.800	0.401A	15.000%	14.311%	4.816%	0.293s
6	★	3.300	0.474A	15.000%	14.349%	4.538%	0.468s
7	★	3.800	0.544A	15.000%	14.311%	4.816%	0.189s
8	★	4.300	0.622A	15.000%	14.473%	3.644%	0.230s
9	★	4.800	0.693A	15.000%	14.435%	3.917%	0.444s

6 数字式继电保护装置测试

随着电力系统进入智能电网建设时期，电力系统继电保护、安全自动装置进入数字化、智能化、集成化、网络化阶段。微机保护或称数字式继电保护，因其优异的性能正在全面取代传统的模拟式保护装置。在学习主要继电保护的基本原理后，有必要结合现场实用的数字式继电保护装置，学习继电保护装置的工程应用。

6.1 10～35kV 线路保护测控装置应用案例

10～35kV 电压等级线路属于配电网的范畴，在城乡电网中得以广泛应用。其中 10kV 的线路长度在 6～20km，送电功率在 200～2000kW。35kV 的线路长度为 20～70km，送电功率在 1000～

6.1
RCS 9600CS系列保护
测控装置调试大纲

10000MW。由于该电压等级线路的故障对于系统安全性的影响较小，因此该类线路所配置保护相对简单，装置体积也较小。随着变电站自动化技术的发展，目前该类保护一般都复合有对于被保护线路进行测量与控制的功能。因此常被称为"保护测控一体化"装置。

6.1.1 典型保护测控一体化装置简介

该装置可用于 10～35kV 电压等级的非直接接地系统或小电阻接地系统中的线路的保护及测控装置，保护配置有：①三段可经复压和方向闭锁的过电流保护；②三段零序过电流保护；③过电流加速保护和零序加速保护（零序电流可自产也可外加）；④过负荷功能（报警或者跳闸）；⑤低周减载功能；⑥三相一次重合闸；⑦小电流接地选线功能（必须采用外加零序电流）；⑧独立的操作回路。

在该数字式继电保护装置中，反映相间短路的电流保护采用三段式，但三段式电流保护可以选择经低电压闭锁，也可以选择经功率方向闭锁，甚至可以选择两者同时闭锁。过电流I段和过电流II段固定为定时限保护；过电流III段还可以经控制字选择是定时限，还是反时限。

方向闭锁电流保护是利用方向元件控制电流保护，当发生反方向故障时闭锁电流保护从而解决双电源线路上应用电流保护的问题，该方向元件仍采用 90°接线，这种接线并不是有形的，而是通过数字式继电保护的软件加以实现。在单侧电源网络的电网保护中，并不需要加入方向闭锁。采用复合电压启动的过电流保护由电流元件与电压元件构成"与"逻辑，该闭锁在一般馈线保护中也很少被采用。

在该数字式继电保护装置中，反映接地短路的零序电流保护也采用三段式，由于馈线多为中性点不接地系统，接地所产生的零序电流很小，因此该保护功能在馈线中一般不被采用。低频率减载功能也被称为低频率减负荷，即当系统的频率下降到某一定值时，切除本线路以使系统的负荷减轻，力争使系统频率上升。三相一次重合闸在馈线保护中已被广泛采用，其目的是提供供电可靠性。过负荷保护在现场使用时一般只动作于告警，在馈线保护中也很少被采用。

　　如图 6 - 1 所示为典型保护测控一体化装置背板接线图，图中所指示电流输入为"IA" "IB""IC"为保护用三相电流输入。"I0"为零序电流输入。"Iam""Icm"为测量用电流，

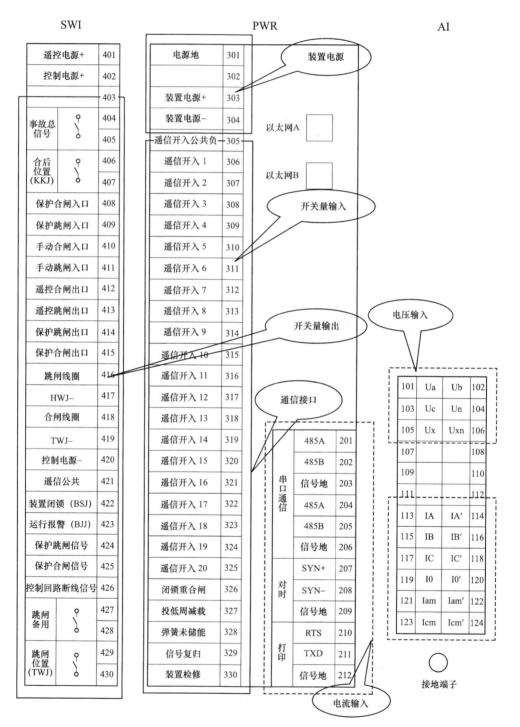

图 6 - 1　典型保护测控一体化装置背板接线图

需从专用测量 TA 输入，以保证遥测量有足够的精确度。"UA""UB""UC"为母线电压，在本装置中作为保护和测量共用。"UX"为线路电压，在重合闸检线路无压和检同期时使用。图中"闭锁重合闸"等多路定义或备用的遥信开入端子，即本章所述的开关量输入。图中"闭锁重合闸"等多路定义或备用的遥信开入端子，完成本章所述的开关量输入功能。图中"SWI"列端子中含有"保护跳闸信号"等多路遥信开出端子，完成本章所述的开关量输出功能。"保护跳闸出口""保护合闸出口"也属于开出量端子，主要配合断路器控制回路使用。（见图 6-1 中的"QF 控制"）。

6.1.2 典型保护测控一体化装置测试

在现场的保护装置调试过程中，保护测控一体化装置是用来对各种类型继电器（电压、电流、功率、差动、阻抗、频率、中间、时间等继电器）和各种类型的成套保护装置（集成电路型、微机型、数字式等保护装置）进行调试的试验装置。微机型继电保护测试装置（简称微机继电保护测试装置）以微机为主体，由它产生电压、电流信号，然后经电压放大器和电流放大器对信号进行放大，得到继电保护测试中所需要的电压和电流激励量。微机型测试仪能够实现对各种电压等级继电保护装置进行校验。一般测试仪都具备手动、递变、频率（$\mathrm{d}f/\mathrm{d}t$、$\mathrm{d}v/\mathrm{d}t$）、时间特性、线路保护定值校验、阻抗特性、整组试验、差动、状态序列、系统振荡、同期测试、故障录波、波形回放等软件功能。

（1）注意事项。①明确测试目的、要求和基本原理。熟悉与本次测试相关的理论知识。收集并阅读测试指导书、继电保护装置原理说明书及使用说明书、保护屏原理接线图等资料，了解主要仪器和设备的使用方法。②测试前应对照说明书，检查装置的 CPU 插件、出口插件上的跳线是否正确、插件是否插紧等。③测试过程中，尽量少拔插装置模件，不触摸模件电路，不带电插拔模件。使用的电烙铁、示波器必须与屏柜可靠接地。测试前应检查屏柜及装置在运输中是否有明显的损伤或螺丝松动。特别是 TA 回路的螺丝及连片。不允许有丝毫松动的情况。校对程序名称、版本及程序形成时间。

（2）交流回路检查。进入"状态显示"菜单中"采样值显示"子菜单，在保护屏端子上（或装置背板）分别加入额定的电压、电流量，在液晶显示屏上显示的采样值应与实际加入量的误差应小于±2.5%或±0.01 额定值，相角误差小于 2°；进入"状态显示"菜单中的"遥测量显示"子菜单，在保护屏端子上（或装置背板）分别加入额定的电压、测量电流，在液晶显示屏上显示的采样值应与实际加入量相等，其误差应小于±2‰，功率的误差应小于±5‰。

（3）输入触点检查。进入"状态显示"菜单中"开关量状态"子菜单，在保护屏上（或装置背板端子）分别进行各触点的模拟导通，在液晶显示屏上显示的开入量状态应有相应改变。

（4）整组试验。进行装置整组试验前，应将对应元件的控制字、软压板、硬压板设置正确，装置整组试验后，应检查装置记录的跳闸报告、SOE 事件记录是否正确等。主要包括阶段式电流保护的测试，重合闸功能测试、后加速测试、低频减载测试。某些应用中，也包括零序电流保护测试、方向闭锁电流保护、电压闭锁电流等保护的测试。要求误差不大于 5%。

（5）运行异常报警试验。进行装置整组试验前，应将对应元件的控制字、软压板、硬压板设置正确，装置整组试验后，应检查装置记录的跳闸报告、SOE 事件记录是否正确等。主要包括频率异常报警、接地报警、TV 断线报警、控制回路断线报警、TWJ（跳闸位置继电器）异常报警、TA 断线报警、弹簧未储能报警等。限于篇幅，将其他测试项目略去。

6.2　110kV 线路保护测控装置应用案例

RCS 900系列线路保护
调试指导供参考

110kV 电压等级线路属于输电线路或城市高压配电线路。由于该电压等级线路的送电距离一般为 50～150km。输送功率在 10～50MW。目前电力系统 500kV 以及 500kV 更高电压等级变电站为电源支撑点。供应至 220kV 变电站进行能量再分配，再以 110kV 输电线路输送电能至各 110kV 变电站进行配电。可以说 110kV 电压等级线路是电力系统中"小动脉"，其作用不可小觑。目前 110kV 的断路器多采用三相操动方式，其配置的保护相对于配电线路保护要高级许多。

6.2.1　典型 110kV 输电线路保护装置简介

本书仅以 RCS 941 保护装置为例加以说明。该保护是由微机实现的数字式输电线路成套快速保护装置，可用作 110kV 输电线路的主保护与后备保护。该装置包括完整的三段相间和接地距离保护、四段零序方向过电流保护和低频减载保护，装置配有三相一次重合闸、过负荷告警；装置还带有跳合闸操作回路，以及交流电压切换回路。

本装置设有三段式相间、三段式接地距离阻抗元件和两个作为远后备的四边形相间、接地距离阻抗元件。三段式相间阻抗元件反应输电线路相间短路，三段式接地距离阻抗元件及四段零序方向过电流保护反应输电线路的接地短路。其他保护功能在 6.1 节中已说明。此处重点说明该装置的距离保护与零序电流保护。

1. 距离保护

距离保护设有启动元件，启动元件的主体由反应相间工频变化量的过电流继电器实现，同时又配以反应全电流的零序过电流继电器和负序过电流继电器互相补充，反应工频变化量的启动元件采用浮动门槛，正常运行及系统振荡时变化量的不平衡输出均自动构成自适应式的门槛，浮动门槛始终略高于不平衡输出，在正常运行时由于不平衡分量很小，而装置有很高的灵敏度。无论故障发生在本线路上，或是下一级线路或保护安装处背后的线路上，距离保护都将会启动，开放出口继电器电源并维持 7s 的时间。只有启动元件动作后，保护有可能会出口跳闸，也有可能只是启动而已。增加启动元件的目的是为了防止非故障时，距离保护内部元件异常的动作行为所造成的保护误动作，是一项提高继电保护可靠性的有效措施。

距离保护的阻抗元件采用正序电压极化原理，可有效地避免出口短路时因测量电压过低造成的阻抗无法正确测量的问题，并有较大的测量故障过渡电阻的能力；当用于短线路时，为了进一步扩大测量过渡电阻的能力，还可将 I、II 段阻抗特性向第 I 象限偏移；接地距离继电器设有零序电抗特性，可防止接地故障时继电器超越。

正序极化电压较高时，由正序电压极化的阻抗元件有很好的方向性，而当正序电压下降至 10%Un 以下时，进入三相低压程序，保证母线三相故障时继电器不失去方向性。III 段距离继电器三相短路Ⅲ段稳态特性包含原点，不存在电压死区。接地距离继电器设有零序电抗特性，可防止接地故障时继电器超越。

距离保护还为Ⅰ、Ⅱ段配置有振荡闭锁元件，该元件在正常运行突然发生故障时，立即开放并维持160ms时间长度，在此期间内，距离保护中的阻抗元件进行判定，如确有故障发生，保护需要出口跳闸，则该动作行为被"固定"住，再预先整定延时跳闸出口；如为系统振荡，则160ms时间长度内，阻抗元件不可能动作，正序过电流元件动作，其后再有故障时，该元件已被闭锁，另外当区外故障或操作后160ms再有故障时也被闭锁。如在启动元件开放160ms后或系统振荡过程中，如发生三相故障，保护还能通过相应的判据实现延时启动。当然，用户也可以通过控制字选择"投振荡闭锁"去闭锁Ⅰ、Ⅱ段距离保护，否则距离保护Ⅰ、Ⅱ段不经振荡闭锁而直接开放。

2. 零序电流保护

本装置设置了四个带延时段的零序方向过电流保护，各段零序可由用户选择经或不经方向元件控制。在 TV 断线时，零序Ⅰ段可由用户选择是否退出；四段零序过电流保护均不经方向元件控制。所有零序电流保护都受启动过电流元件控制，因此各零序电流保护定值应大于零序启动电流定值。当最小相电压小于 $0.8U_n$ 时，零序加速延时为100ms，当最小相电压大于 $0.8U_n$ 时，加速时间延时为200ms，其过电流定值用零序过电流加速段定值。TV 断线时，本装置自动投入两段相过电流元件，两个元件延时段可分别整定。

6.2.2 典型 110kV 输电线路距离保护测试

在 6.1 节中，已说明了数字式继电保护装置的主要测试方向，本节重点就距离保护与零序保护的功能测试加以说明。

（1）测试准备工作。距离保护的测试工作是一项复杂而又严谨的工作，因此在测试前应拟定详细的测试方案，主要应包括人员分工、安全措施、整定值分析计算及测试电气量值计算、测试模块选择、保护定值中软压板的投入（退出）方案、硬压板的投入（退出）方案、测试具体步骤、测试结果记录要点等。

保护装置正确动作的前提是保护装置本身处于良好的工作状态，定值整定无误，各项电气量输入正常。因此在实施故障模拟之前，应重点检查装置的直流电源、交流输入量、整定值、软压板、硬压板的情况，保护装置的运行灯应点亮，在输入故障前电气量后，保护装置的 TV 断线告警灯应熄灭。此时应检查保护装置的状态量显示，对于输入电压、电流的幅值、相序等应仔细检查核对。一切正常就绪后，再进行故障模拟。

设置故障前时间的意义在于保证电压互感器断线消失、重合闸充电、保护整组复归，在此时间内，测试仪应向保护装置输出额定电压及负荷电流（为了防止保护频繁启动，一般负荷电流设为零），经验值25s。最大故障时间为输出故障的时间应大于三段阻抗延时、重合闸延时，经验值为5s。注意：最大故障时间并不是指保护装置每一次模拟故障时都要将故障量值保持，在保护动作后，其动作触点闭合，测试仪感受到开入量变化后，应立即停止故障量的输出，恢复到故障前量值输出状态。

在进行距离保护测试时，应将屏上所有无关的硬压板全部退出，只保留"距离保护"连接片（压板）投入；在保护定值中，如只进行相间距离保护测试，则应退出接地距离保护相应的软压板，反之亦然。如只测试阻抗元件特性，也可将重合闸功能先退出，以减少测试时间。

测试之初，尽可能地采用测试仪的"手动模块"进行阻抗元件动作的测试，测试者必须对电气量值的变化了熟于心，针对各测试软件的特点，制定合理的测试方案，这样做，既能加深测试者对于故障分析原理、继电保护原理的认识，也能提高测试效率，解决重点难点问题。

由于测试仪需要进行各种相间、接地元件的各段的测试工作，所以不能用保护的保持触点，只能用瞬时触点以保证触点正确反映每次故障保护的动作行为。

短路阻抗角设置为线路正序阻抗角。零序补偿系数如未给定，则一般按零序阻抗为正序阻抗的 3 倍计算得出，$K = 0.667$。

（2）测试模型的选择。在进行阻抗元件测试时，保护装置根据测试仪向其提供的电压、电流计算出阻抗值及其变化规律，决定是否动作，而测试仪的短路计算模型不同，其输出电压、电流的方式也不同。短路计算模型通常有短路电流恒定、短路电压恒定和系统阻抗 Z_s 恒定三种计算模型。

简单地说，短路电流恒定模型即在固定输入电流的条件下，调节电压输入量，使阻抗元件动作或返回，为计算方便，电流一般设置为 1A 或 5A，但电流设置不宜设置小于保护的最小启动电流，这种模型可用于测试阻抗元件的静态特性。这也是在保护测试中较常用的一种方法。

短路电压恒定模型即在固定输入电压的条件下，调节电流输入量，使阻抗元件动作或返回，短路电流由短路电压及短路阻抗得出，这种模型也可用于测试阻抗元件的静态特性。但这种方法很少被采用。

系统阻抗 Z_s 恒定模型与电网的实际运行状态最为接近，该模型的显著特点是根据短路阻抗的不同，计算出保护安装处在故障状态下实际的母线电压与线路电流，将其作为输入量突然输入保护装置，以测试阻抗元件的暂态特性。这种方法涉及的计算有一定难度，但这种测试有助模拟系统故障时的实际状态以考验保护的动作行为，因此也被广泛采用。

阻抗元件本身有静态和暂态两种动作特性。为了消除出口短路时的动作死区和保证动作的选择性，方向阻抗元件一般都有带极化电压的记忆回路，此电压有记忆故障前电压的功能。在短路初瞬，保护装置所表现出的动作特性称为动态阻抗特性。随着记忆回路中过渡过程的延续，当极化电压过渡到稳态测量电压后，此时阻抗元件的动作特性为静态阻抗特性。一般而言，利用微机保护测试仪的线路保护模块或状态序列模块等测试手段，都是测试阻抗元件的暂态特性，而用手动模块的测试手段，测试阻抗元件的静态特性。

（3）阻抗边界搜索方法的选择。阻抗元件特性的测试目的是搜索阻抗元件的动作边界，在传统的圆特性阻抗元件测试中这项试验被称为"摇圆"。测试出动作边界有利于测试人员对阻抗元件的动作特性有更直观的了解，也便于发现保护装置性能或保护整定所存在的问题。采用微机型测试仪进行阻抗特性测试，可采用"二分搜索法"及"定点测试法"两种方法。

"二分搜索法"即是针对相间阻抗或接地阻抗装置，在明确静态或暂态特性的测试任务后，通过设定相应的故障类型，在某一设定的阻抗角或阻抗角序列下，对某一边界进行搜索扫描，扫描线的首端必须在动作区内，扫描线的末端必须在动作区外，设定相应的扫描精确度。开始测试后，测试仪自动按扫描线逐条扫描动作边界，第一次扫描时，扫描线首端在动作区内，保护动作；扫描线的末端在动作区外，保护不动作。在此条件下，将扫描区域分为两半，出现一个中点，如中点使保护动作，则扫描线首端改为该中点，末端不变，继续二分下去，如中点未使保护动作，扫描线的末端变为该中点，继续二分下去。测试仪根据二分法变步长逼近阻抗动作边界直至满足所设置的扫描精确度。

该方法的优点是测试结果精确，缺点是非常耗时，尤其是对于整组复归时间较长的微机保护装置。

"定点测试法"是指根据整定阻抗边界、校验精确度点进行定时的测试，如果阻抗特性区内的所有测试点都动作，而动作区外的所有测试点都不动作，则说明阻抗元件的动作边界在用户所设置的校验精确度内是准确的，显然，这种方法大大减少了测试时间，但前提是，测试人员必须对所测试阻抗元件的特性及整定值预先有准确的把握。

（4）相间阻抗Ⅰ段定值校验测试方法举例。将 220V 直流接入 PRCS 941 保护屏"ZD"（直流端子排）的"ZD-1"（正极），"ZD-11"（负极）（注意合上 1ZK 保护装置才能得电）。微机型继电保护测试仪三相电压输出（四根线）"UA、UB、UC、UN"接入 RCS 941 保护屏"1D"端子排的 15、16、17、18（注意合上 1ZKK 后，保护装置才会有交流电压）。微机型继电保护测试仪三相电流输出（四根线）"IA、IB、IC、IN"接入 RCS 941 保护屏"1D"端子排的 1、3、5、7 号端子。将端子排的 2、4、6、8 号端子短接。继电保护测试仪开关量 A（任意一组即可）与保护屏"1D"端子排的 118、120 号端子相接。

仅投保护屏上的距离保护Ⅰ段连接片；打开 RCS 941 装置，进入"保护定值"菜单，整定保护定值控制字中"投Ⅰ段相间距离"置"1""投重合闸"置"0""投重合闸不检"置"0"。记录保护装置阻抗Ⅰ段定值及正序阻抗角、零序阻抗角值。修改定值后输入密码方法为按保护装置上对应的四个按钮"＋""左""上""－"。

测试步骤简要介绍如下：①继电保护测试仪设置。选择"状态序列"，序列总数选择 2个，对每一个状态进行电气量值的设置。②设置第一个状态为故障前状态。初始电压为正序电压，三相均为 57.7V，初始相电流为 1A。设置第二个状态为故障状态，设置每相电流 $I_\varphi = 5A$，故障电压 $U_\varphi = 0.95 I_\varphi Z_{set.1}$（$Z_{set.1}$ 为距离Ⅰ段阻抗定值）情况下的三相正方向瞬时故障的各相电压与电流。注意灵敏角应为正序阻抗角。设置第一个状态的保持时间为 25s，第二个状态的保持时间为 0.01s。③开始实验，第一个状态为故障前状态，约 15s 后，保护装置"充电"灯亮起；约 25s 后，装置面板上相应灯亮，液晶上显示"距离Ⅰ段动作"，动作时间为 10～30ms，动作相为"ABC"；记录下动作电压与动作电流值，停止实验。④改变故障状态，三相短路电流设置 $I_\varphi = 5A$，故障电压 $U_\varphi = 1.05 I_\varphi Z_{set.1}$。开始实验，第一个状态为故障前状态，约 15s 后，保护装置"充电"灯亮起；约 20s 后，保护装置应不动作，停止实验。⑤加故障电流 20A，故障电压 0V，模拟三相反方向故障，距离保护应不动作。⑥结束实验，关闭测试仪，打开屏后所有开关，断开所有电源开关。

（5）接地阻抗Ⅰ段定值校验测试方法举例。实验接线同相间阻抗特性实验。仅投保护屏上的距离保护Ⅰ段连接片；打开 RCS 941 装置，进入"保护定值"菜单，整定保护定值控制字中"投Ⅰ段接地距离"置"1""投重合闸"置"0""投重合闸不检"置"0"。记录下保护装置阻抗Ⅰ段定值及正序阻抗角、零序阻抗角值、零序补偿系数。不需改动。修改定值后输入密码方法为按保护装置上对应的四个按钮"＋""左""上""－"。

测试步骤简要介绍如下：①继电保护测试仪选择"状态序列"，序列总数选择 2 个，对每一个状态进行电气量值的设置。②设置第一个状态为故障前状态，初始电压为正序电压，三相均为 57.7V，初始相电流为 1A。设置第二个状态为故障状态，设置 A 相电流 $I_A = 5A$，其他两相电流与第一状态相同，A 相电压为 $U_A = 0.95(1+K)I_A Z_{set.1}$（$Z_{set.1}$ 为距离 I 段阻抗定值，K 为零序补偿系数），其他两相电压为 57.7V。注意灵敏角应为正序阻抗角。设置第一个状态的保持时间为 25s，第二个状态的保持时间为 0.01s。③开始实验，第一个状态为故障前状态，约 15s 后，保护装置"充电"灯亮起；约 25s 后，装置面板上相应灯亮，液晶上显示"距离 I 段动作"，动作时间为 10～30ms，动作相为"A"；记录下动作电压与动作电流值，停止实验。④改变故障状态，改变 A 相电压 $U_A = 1.05(1+K)I_A Z_{set.1}$。第一个状态为故障前状态，约 15s 后，保护装置"充电"灯亮起；约 20s 后，保护装置应不动作，停止实验。以下步骤同相间距离保护测试，只是故障相别发生了改变。

（6）方向零序电流保护 I 段定值校验测试方法举例。方向元件测试是该保护测试工作的难点所在。需要预先说明的是保护正方向发生故障时，$3\dot{U}_0$ 滞后 $3\dot{I}_0$ 的相角为 95°～110°；而且不受过渡电阻 R_g 的影响。保护反方向上接地故障时，$3\dot{U}_0$ 超前 $3\dot{I}_0$ 的相角为 70°～80°。

所有零序电流保护都受启动过电流元件控制，因此各零序电流保护定值应大于零序启动电流定值。在 TV 断线时，零序 I 段可由用户选择是否退出；四段零序过电流保护均不经方向元件控制。

测试应注意仅投入"零序保护投入"连接片，设置各段零序定值校验点。分别模拟正方向 A 相、B 相、C 相单相接地瞬时故障，模拟故障电压 $U=50V$，模拟故障时间应大于 IV 段保护的动作时间定值，阻抗角为零序灵敏角。要求在 0.95 倍定值时零序保护可靠不动作，1.05 倍定值时零序保护可靠动作，在 1.2 定值时测量零序保护动作时间。

从表面上看，零序电流保护的动作条件只要零序电流大于相应段的定值，故障时间达到整定时间就应动作，但实际上，由于零序功率方向的要求，保护要动作还应满足以下几个条件：①保护装置应能做好动作的准备，主要是 TV 断线灯不能亮起，装置定值应准确，其主要标志是装置的运行灯应亮，且无任何告警信号；②应满足零序功率为"负"；③相应的硬压板位置应准确。

根据测试内容的不同，可采用不同的测试手段，如在校验零序电流保护定值时，可采用模拟正方向接地短路故障的方法，如设置 A 相接地，正方向故障，短路阻抗角为 70°～80°，实验接线同相间阻抗特性实验。仅投保护屏上的零序电流保护 I 段连接片；装置上电后，进入"保护定值"菜单，整定保护定值控制字中"投 I 段零序电流保护"置"1""投重合闸"置"0""投重合闸不检"置"0"。其他参数不变，记录下各段零序电流定值。修改定值后输入密码方法为按保护装置上对应的四个按钮"+""左""上""-"。

测试步骤简要介绍如下：①测试仪菜单设置选择"状态序列"，第一个状态为故障前状态。初始电压为正序电压，三相均为 57.7V，初始相电流为 0A。第二个状态为故障状态，设置为接地故障，故障电压 30V，加入对应的 I 段电流的 1.05 倍电流值。状态触发条件选择"最大时间"：定义某一状态的输出时间、最大时间到后进入下一状态。时间设置为"最大时间"，输出当前状态电压电流的最长时间，本实验故障前状态的"最大时间"设置为"20s"。故障状态的"最大时间"设置为"0.01s"。触发后延时时间设置为"0s"。②开始实验，等保护充电，直至"充电"灯亮；约 20s 后，装置面板上相应灯亮，液晶上显示"零序电流Ⅰ段动作",动作时间为 10～30ms,动作相为"A";记录下动作电流值,停止实验。③改变故障状态,故障电压 30V,加入对应的Ⅰ段电流的 0.95 倍电流值。开始实验,第一个状态为故障前状态,约 15s 后,保护装置"充电"灯亮起;约 20s 后,保护装置应不动作,停止实验。做好记录。④改变相别为 B、C 两相,重新实验。做好记录。⑤改变故障类型为两相接地短路,如 AB 相接地,重新实验。做好记录。停止实验。

只要能够模拟正方向接地短路故障,方向元件将满足动作条件,不会影响零序方向电流保护的测试。如想学习校验零序功率方向动作区,找到其动作的边界,可采用状态序列或手动试验的方法,但前提是要明确动作区的范围,以方便加故障量值。

【例 6-1】 零序Ⅰ段的动作电流整定值为 5A,零序功率方向灵敏角为 70°,如采用手动菜单,请给出一种动作区的校验方法。

解 根据题意,功率方向动作区为 $160° \leqslant \arg \dfrac{3\dot{U}_0}{3\dot{I}_0} \leqslant 340°$,其动作边界 1 为 $\arg \dfrac{3\dot{U}_0}{3\dot{I}_0} = 340° = -20°$,以 $3\dot{U}_0$ 为参考相量,如图 6-2 所示,当 $3\dot{I}_0$ 超前 $3\dot{U}_0$ 的角度大于 20°(即 $3\dot{U}_0$ 超前 $3\dot{I}_0$ 的角度小于或等于 340°),零序功率方向应动作。"进入"边界 1,以进入边界的角度值为动作角度 φ_1,当 $3\dot{U}_0$ 超前 $3\dot{I}_0$ 的角度大于或等于 160°,"进入"边界 2,以该角度为动作角度 φ_2,取 φ_1、φ_2 平均值为灵敏角度,理想角度应为 250°,即 $\arg \dfrac{3\dot{U}_0}{3\dot{I}_0} \leqslant 250°$。

采用手动菜单时,先设定三相电压为额定电压(57.7V),其中 A 相电压相角设为 180°,相序设为正序;三相电流为零,并使保护装置准备好动作条件,通过调节变量或保持输出的方法,将 A 相电压突然变为 0V,相当于获得了 $3\dot{U}_0 = 57.7 \angle 0°$,A 相电流设为 6A,相角设为 15°,选择变化量为 A 相电流的相角,步长为 1°,改变相角,使零序功率方向由不动作进入动作状态,记录下动作角度 φ_1;对于边界 2,A 相电流幅值不变,设定初始变化相角

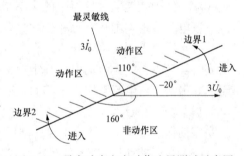

图 6-2　零序功率方向动作边界测试示意图

为 155°,步长为 1°,改变相角,使零序功率方向由不动作进入动作状态,记录下动作角度 φ_2。注意在变化过程中要注意 TV 断线闭锁信号不能出现,或通过对保护装置的控制字进行相应的设定,以保证边界校验的顺利进行。

6.3　220kV 线路保护实例

220kV 电压等级线路属于高压输电线路。由于该电压等级线路的送电距离一般有 100～300km。输送功率在 100～200MW,故其重要性相对于 110kV 线路又提高了一个层次。目前 220kV 的断路

6.3

220kV线路保护装置
说明书

器多采用分相操动方式，其配置的保护相对于 110kV 线路保护的主要区别是增加了第二套保护，即全线速动保护。

6.3.1　典型 220kV 输电线路保护装置简介

220kV 线路保护需要配置两套保护，以实现保护双重化，分别以 RCS 931 保护装置及 RCS 901 保护为例加以说明。该保护是由微机实现的数字式输电线路成套快速保护装置，可用作 220kV 输电线路的主保护与后备保护，两套保护的主要区别是其主保护即纵差差动保护部分所采用的原理存在明显区别。

以第一套保护装置，即 RCS 931 保护装置主要包括以分相电流差动和零序电流差动为主体的快速主保护，由工频变化量距离元件构成的快速 I 段保护，由三段式相间距离保护、三段式接地距离及多个零序方向过电流保护构成的全套后备保护。该保护有分相跳闸出口，配有自动重合闸功能，对单或双母线接线的开关实现单相重合、三相重合和综合重合闸。

第二套保护装置，即 RCS 901 保护装置以纵联距离和纵联零序作为全线速动主保护，其后备保护配置与第一套保护类似，重合闸功能也类似。保护也采用分相跳闸出口。

6.3.2　典型 220kV 输电线路主保护测试

以第一套保护装置为主保护，即 RCS 931 保护装置中的电流差动保护的功能测试加以说明。纵联差动保护，采用相电流差动原理加以实现，其原理的基础是基尔霍夫电流定律。即利用对线路两侧电流的矢量和进行计算，能较为方便的识别区内和区外故障。对于区外发生故障，保护装置通过带斜率的比率制动方程进行可靠制动。针对重负载线路区内发生单相经过渡电阻接地，配置有工频变化量差动和零序差动保护。

（1）注意事项。将光端机（在 CPU 插件上）的接收"RX"和发送"TX"用尾纤短接，构成自发自收方式。差动电流高定值按不小于 4 倍的电容电流整定；差动电流低定值按不小于 1.5 倍的电容电流整定；整定时还需注意零序容抗大于正序容抗。控制字中将"投纵联差动保护""专用光纤""通道自环""投重合闸"和"投重合闸不检"均置 1；软压板中"投纵联差动保护"置 1；仅投主保护硬压板。

（2）纵联差动保护定值校验——差动电流高定值（差动保护 I 段）。模拟对称或不对称故障（所加入的故障电流必须保证装置能启动），使故障电流为 $I=0.5I_{\max 1}m$（$I_{\max 1}$ 为差动电流高定值，4 倍电容电流两者的大值）。注意 $m=0.95$ 时，差动保护 I 段应不动作，$m=1.05$ 时，差动保护 I 段能动作，在 $m=1.2$ 时，测试差动保护 I 段的动作时间为 $10\sim 25$ms。

（3）纵联差动保护定值校验——差动电流低定值（差动保护 II 段）。模拟对称或不对称故障（所加入的故障电流必须保证装置能启动），使故障电流为 $I=0.5I_{\max 2}m$（$I_{\max 2}$ 为差动电流低定值，2 倍电容电流两者的大值）。注意 $m=0.95$ 时，差动保护 II 段应不动作，$m=1.05$ 时，差动保护 II 段能动作，在 $m=1.2$ 时，测试差动保护 II 段的动作时间为 $40\sim 60$ms。

（4）纵联差动保护定值校验——正序容抗定值（零序差动）。抬高差动电流高定值、低定值，建议整定为 2 倍额定电流，零序启动电流可整为 0.1 倍的额定电流。整定正序容抗 X_{c1}，使额定电压与正序容抗的比值 $U_n/X_{c1}>0.1$，额定电流建议为 0.4 倍额定电流，将零序容抗 X_{c0} 定值整定比 X_{c1} 适当大一点。加正常三相对称电压，大小为 U_n，三相对称电流超前电压 90°，大小为 $I=U_n/2X_{c1}$，使差动满足补偿条件。增加任意一相电流（另外两相电流不变），使零序电流大于 $0.3I_n$。零序差动保护选相动作，动作时间为 120ms 左右。

6.4 110kV 变压器保护实例

110kV 主变压器一般采用三相油浸式变压器，其容量为 6300kVA～120MVA，目前常用的降压变压器容量一般选择 20、31.5、40MVA。其配置的主保护为纵差动保护及气体（瓦斯）保护，后备保护主要有相间短路后备保护、接地短路后备保护、过负荷保护等。

6.4
RCS及LFP系列主变压器
保护调试指导书

6.4.1 典型 110kV 变压器保护装置简介

110kV 变压器保护装置一般由非电量保护［气体（瓦斯）、油温、强迫油循环风冷变压器失电保护］、变压器差动保护、变压器后备保护组成。

其非电量保护接收从变压器本体来的非电量信号［如气体（瓦斯）信号等］经过装置重动后，根据预先设置启动装置的跳闸继电器或向变电站的控制系统发出相应的信息，并记录非电量的动作情况。

变压器差动保护主要包括差动速断保护，经二次谐波制动的比率差动保护，并具有电流互感器二次回路断线闭锁保护的功能。

变压器后备保护主要包括复合电压闭锁过电流保护（可带方向闭锁），一段不带任何闭锁的过电流保护，阶段式零序电流保护（可带方向闭锁）。阶段式零序电压保护、过负荷保护，并具有启动主变压器风冷、过载闭锁有载调压等功能。

限于篇幅，本书仅说明该装置中 110kV 主变压器差动保护比率制动特性的基本原理。该装置为由多微机实现的变压器差动保护，适用于 110kV 及以下电压等级的双圈、三圈变压器，满足四侧差动的要求。由于变比和连接组别的不同，变压器在运行时各侧电流的大小及相位也不相同。装置通过软件进行 Y 向 d 侧变换及平衡系数调整对变压器各侧电流的幅值和相位进行补偿。以下差动保护的说明均以各侧电流已完成幅值和相位补偿为前提。

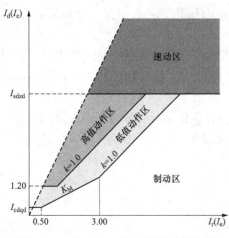

图 6-3 RCS 9671C 差动保护动作特性

装置采用三折线比率差动原理，并设有低值比率差动保护、高值比率差动保护和差动速断保护。差动保护动作特性曲线如图 6-3 所示。图中差动保护动作区包括低值比率差动保护动作区、高值比率差动保护动作区和差动速断保护动作区三个部分。I_{cdqd} 为差动电流启动值，I_{sdzd} 为差动速断定值，K_{bl} 为比率差动制动系数，I_d 为差动电流，I_r 为制动电流。变压器差动保护的差动电流（即动作电流），取各侧差动电流互感器二次电流相量和的绝对值。以 Y，d11 双圈变压器的两侧差动说明差动电流与制动电流，差动电流为

$$I_d = |\dot{I}_1 + \dot{I}_4| \qquad (6-1)$$

式中：$\dot{I}_1$ 为 Y，d11 双圈变压器的"1"侧电流，即高压侧电流；$\dot{I}_4$ 为 Y，d11 双圈变压器的"4"侧电流，即低压侧电流。

差动电流的取法确定后，保护装置将自动调整制动电流的取值，因此，制动电流取高压侧（1 侧）、低压侧（4 侧）TA 二次电流幅值和的 1/2，即。

$$I_r = (\mid \dot{I}_1 \mid + \mid \dot{I}_4 \mid)/2 \tag{6-2}$$

以低值比率差动保护为例，其特性属于三折线式，动作方程为

$$\begin{cases} I_d > I_{cdqd} & I_r \leqslant 0.5 I_e \\ I_d > K_{bl}(I_r - 0.5 I_e) + I_{cdqd} & 0.5 I_e < I_r \leqslant 3 I_e \\ I_d > I_r - 3 I_e + K_{bl} 2.5 I_e + I_{cdqd} & I_r > 3 I_e \end{cases} \tag{6-3}$$

不难看出，当制动电流小于等于额定电流的 0.5 倍时，差动保护的动作条件是差动电流大于最小启动电流 I_{cdqd}；而当制动电流在额定电流的 0.5～3 倍时，按比率制动系数 K_{bl} 所代表的折线来计算最小差动电流，K_{bl} 是需要人工整定的；而当制动电流在额定电流 3 倍之上时，比率制动系数固定为 1。

当变压器为 Y，d11 连接时，如变压器各侧电流互感器二次均采用星形接线时，可简化 TA 二次接线，增加了电流回路的可靠性。而在这种接线方式下，为消除各侧变压器接线组别引起的 TA 二次电流之间的 30°角度差，必须由保护软件通过算法进行调整，称为"内转角"。本保护装置采用星形侧向角形侧调整，即 Y 侧向 d 侧转角的方式。

【例 6-2】 某三绕组变压器，其容量 $S_T = 63MVA$，其高压侧（1 侧）额定电压 $U_{N1} = 110kV$，高压侧 TA 变比 $n_{TA1} = 800/5A$；低压侧额定电压 $U_{N4} = 7.4kV$，低压侧 TA 变比 $n_{TA4} = 4000/5A$。

试计算保护装置所采用的各侧的额定电流二次值。

解 装置所采用的高压侧额定电流二次值为

$$I_{e1} = \frac{S_T}{U_{N1} n_{TA1}} = \frac{63 \times 10^3}{110 \times 160} = 3.58 \text{ (A)}$$

装置所采用的低压侧额定电流二次值为

$$I_{e4} = \frac{S_T}{\sqrt{3} U_{N4} n_{TA4}} = \frac{63 \times 10^3}{\sqrt{3} \times 10.5 \times 800} = 4.33 \text{ (A)}$$

注意：高压侧的额定电流计算公式与低压侧额定电压计算公式相比，少除了 $\sqrt{3}$。这样做是为下一步的相位补偿做准备。

【例 6-3】 同 [例 6-2] 所用系统参数，试根据保护装置所采用的内转角方法，试计算出在额定运行情况下，高压侧与低压侧经校正后（即相位补偿与数值补偿后）的各相电流幅值。

解 额定运行情况下，高压侧、低压侧各相电流计算值如 [例 6-2] 的计算结果。保护装置所采用的内转角方法为 Y（星形侧）向 d 侧（角形侧）转角，其高压侧（星形侧）的相位补偿（转角）公式为

$$\dot{I}'_{A1} = (\dot{I}_{A1} - \dot{I}_{B1})/I_{e1}$$

$$\dot{I}'_{B1} = (\dot{I}_{B1} - \dot{I}_{C1})/I_{e1}$$

$$\dot{I}'_{C1} = (\dot{I}_{C1} - \dot{I}_{A1})/I_{e1}$$

式中：$\dot{I}_{A1}$、$\dot{I}_{B1}$、$\dot{I}_{C1}$ 为星形侧 TA 二次电流相量，其幅值为 2.067A；$\dot{I}'_{A1}$、$\dot{I}'_{B1}$、$\dot{I}'_{C1}$ 为星形侧校正后的各相电流倍数相量，其幅值为 1。

可见，在这种运行工况下，高压侧各相电流幅值在装置中已被计算成为相对于该侧额定电流的倍数值，不再有量纲。

其低压侧（角形侧）的相位补偿（转角）公式为

$$\dot{I}'_{a4} = \dot{I}_{a4} / \dot{I}_{e4}$$

$$\dot{I}'_{b4} = \dot{I}_{b4} / \dot{I}_{e4}$$

$$\dot{I}'_{c4} = \dot{I}_{c4} / \dot{I}_{e4}$$

式中：$\dot{I}_{a4}$、$\dot{I}_{b4}$、$\dot{I}_{c4}$ 为角形侧 TA 二次电流相量，其幅值为 4.33A；$\dot{I}'_{a4}$、$\dot{I}'_{b4}$、$\dot{I}'_{c4}$ 为角形侧校正后的各相电流倍数相量，其幅值为 1。

可见，低压侧经校正后的各相电流也是标幺值，其值为 1。

通过以上例题不难发现，经过软件校正后，在正常运行工况下，差动回路两侧电流之间的相位一致，其倍数相量幅值也相等。这也说明，通过这种校正后，保护装置已通过内部计算实现了数值的平衡，不再需要人为设定各侧的平衡系数。

为实现两侧差动测试，将定值整定菜单下（主菜单－＞装置整定－＞保护定值）"二侧TA 额定一次值"和"三侧 TA 额定一次值"整定为 0，选择 K_{mode}＝01（或 02、03）即可。

6.4.2 典型 110kV 变压器差动保护测试

将 220V 直流接入相应保护屏直流端子排"ZD"的"ZD-1"（正极），"ZD-11"（负极）（注意合上 1ZK 保护装置才能得电）。微机型继电保护测试仪三相电流输出（四根线）"IA、IB、IC、IN"准备接入保护屏"1ID"端子排。继电保护测试仪开关量 A（任意一组即可）与保护屏"PD"端子排的 11 号端子及"ND"端子排的 1 号端子相接。

投入定值中"投比率差动"控制字，对应的软压板投入，差动保护硬压板投入。启动电流 I_{cdqd} 取为 0.3 倍额定电流值，比率制动系数取为 0.5，差动速断倍数取为 5，其他参数采用默认定值。修改定值后输入密码方法为按保护装置上对应的四个按钮"＋""左""上""－"。可按［例 6-2］设定相应的系统参数。

首先做启动电流测试，测试仪设置采用"手动测试"界面。做启动电流实验，在第一侧通入 A 相电流［微机型继电保护测试仪三相电流输出（两根线）"IA、IN"接入保护屏"1ID"第 1、第 4 号端子排］设置动作电流为 0.95×3.58×0.3＝1.02（A），比率差动应可靠不动作；在第一侧通入 A 相电流为 1.05×3.58×0.3＝1.12（A），鼠标点击"测试"按钮，比率差动应可靠动作。也可在 1.02～1.12A 取值，以求得较为精确的动作值。改变相别，每一相做三次取平均值，进行相应记录。

对于比率制动特性校验（K_{mode}＝01），当在高压侧 A 相通入电流后，相当于在 A、C 两相通入大小相等、方向相同的两相电流。因此比率制动特性测试需解决的首要问题在于通过合理接线，对校正过程中所产生的副产品——"C 相"电流也进行同样的差电流计算，相当于有两相差动元件同时动作。测试 A 相，即测试 A、C 两相差动元件；测试 B 相，即测试B、A 两相差动元件；测试 C 相，即测试 C、B 两相差动元件。

测试步骤简要介绍如下：①测试仪设置采用"手动测试"界面。②以 A 相差动测试说明接线方法，微机型继电保护测试仪三相电流输出（两根线）"IA、IN"接入保护屏"1ID"

第1、4号端子排；"IB"接入保护屏"1ID"第13号端子排，将保护屏"1ID"第15号端子与第4号端子短接（相当于接测试仪IN），如图6-4所示。③在第一侧通入A相大小为3.58A的电流，在第四侧通入A、C相大小均为4.33A的电流，并保证测试仪I_A与测试仪I_B电流反向，此时差流应为0。减小第一侧电流的大小，保持第四侧电流不变，直到比率差动保护动作，记下测试仪I_A的电流（约为2.13A）。以A相为例，此时所得的i'_{A1}应为0.56、i'_{a4}为1。此时差流的标幺值为0.44，制动电流的标幺值0.78。④在第一侧通入A相大小为3倍额定电流，在第四侧通入相应两相（A、C相）大小均为3倍额定电流，并保证测试仪I_A与测试仪I_B电流反向，此时差流应为0。减小高压侧（第一侧）电流的大小，保持低压侧（第四侧）电流不变，直到比率差动保护动作，可得到一组差流和制动电流的标幺值约为（2.24，2.38）。⑤根据前两步所得到的两组数据计算实际测出的比率差动制动系数，此系数与比率差动制动系数K_{bl}整定值相等（误差＜5%）。该步骤做三次，取比率差动制动系数平均值。⑥改变相别，接线方法见表6-1，注意表中1侧代表高压侧，4侧代表低压侧。重复3)～5)，并做好相应的记录。⑦结束实验，关闭测试仪，打开屏后所有开关，断开所有电源开关。

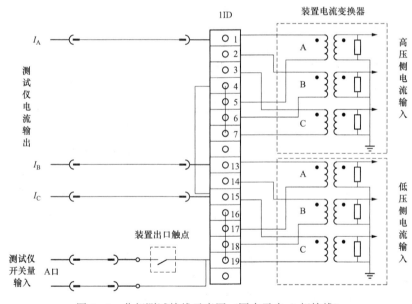

图6-4 分相测试接线示意图（图中示出A相接线）

表6-1　　　　　　　　　　　　分相测试接线表（星-角两侧）

测试项目	1侧A相	1侧B相	1侧C相	1侧N	4侧A相	4侧B相	4侧C相	4侧N
A相差动测试	测试仪IA			测试仪IN	测试仪IB		测试仪IN	
B相差动测试		测试仪IA		测试仪IN	测试仪IN	测试仪IB		
C相差动测试			测试仪IA	测试仪IN		测试仪IN	测试仪IB	

参 考 文 献

[1] 贺家李，宋从矩．电力系统继电保护原理增订版［M］．北京：中国电力出版社，2010.

[2] 东尼．博赞（英），巴利．博赞（英），思维导图［M］．北京：化学出版社，2015.

[3] 许正亚．变压器及中低压网络数字式保护［M］．北京：中国水利水电出版社，2004.

[4] 许正亚．发电厂继电保护整定计算及其运行技术［M］．北京：中国水利水电出版社，2009.

[5] 刘万顺．电力系统故障分析．3版．北京：中国电力出版社，2010.

[6] 崔家佩，等．电力系统继电保护与安全自动装置整定计算［M］．北京：中国电力出版社，2014.

[7] 袁荣湘．电力系统仿真技术与实验［M］．北京：中国电力出版社，2011.

[8] 于群，曹娜．电力系统继电保护原理及仿真［M］．北京：机械工业出版社，2015.

[9] 江苏省电力公司．电力系统继电保护原理与实现技术［M］．北京：中国电力出版社，2006.

[10] 韩笑，宋丽群．电气工程专业毕业设计指南继电保护分册．2版．［M］．北京：中国水利水电出版社，2008.

[11] 韩笑，赵景峰，邢素娟．电网微机保护测试技术［M］．北京：中国水利水电出版社，2005.

[12] 韩笑，向前，邢素娟．电厂微机保护测试技术［M］．北京：中国水利水电出版社，2010.

[13] 韩笑，刘微，杨建伟．继电保护自动装置测试技术实验指导书［M］．北京：中国水利水电出版社，2008.

[14] 英国 AREVA 公司．电网继电保护及自动化应用指南［M］．林湘宁，等 译．北京：科学出版社，2008.

[15] 国家电力调度通信中心．电力系统继电保护规定汇编．2版．［M］．北京：中国电力出版社，2000.

[16] 国家电力调度通信中心．电力系统继电保护实用技术问答．2版．［M］．北京：中国电力出版社，2000.

[17] 东尼·博赞．思维导图［M］．卜煜婷，译．北京：化学工业出版社，2015.